普通高等教育高职高专"十三五"规划教材

汽车电气设备构造与检修

主 编 梁小流

U0294058

中国水利水电出版社
www.waterpub.com.cn
·北京·

内 容 提 要

《汽车电气设备构造与检修》是汽车类专业教学体系中的一门专业必修课程。本教材系统介绍了汽车电气设备的构造、原理、性能及检修方法。内容选取注重理论与实践相结合,按照基于工作岗位能力为导向的教学模式组织教材,重点突出学生实践技能的培养。

内容共分为9个项目,包括汽车电气系统的整体认知、识读汽车电气电路图、电源系统、启动系统、点火系统、汽车照明与信号系统、汽车仪表与报警系统、辅助电气设备和汽车空调系统,主要内容涉及汽车电气设备的主要检修项目。各项目以场景式安全引入,结合安全所涉及的相关知识,完成项目所涉及的任务,最后以项目实操任务单测评为主线进行学习。通过理实一体的教学模式和方法可以使读者较快地了解项目所需的基础理论知识、熟悉项目及所涉及的相关故障处理方法,初步掌握实操技能。

本教材可作为高等职业院校汽车及相关专业教学用书,也可作为其他汽车技术学校、汽车修理技术培训机构用书。

图书在版编目(CIP)数据

汽车电气设备构造与检修 / 梁小流主编. -- 北京 :
中国水利水电出版社, 2017.11(2021.1重印)
普通高等教育高职高专"十三五"规划教材
ISBN 978-7-5170-6103-8

Ⅰ. ①汽… Ⅱ. ①梁… Ⅲ. ①汽车-电气设备-构造
-高等职业教育-教材②汽车-电气设备-车辆修理-高
等职业教育-教材 Ⅳ. ①U472.41

中国版本图书馆CIP数据核字(2017)第304525号

书 名	普通高等教育高职高专"十三五"规划教材 **汽车电气设备构造与检修** QICHE DIANQI SHEBEI GOUZAO YU JIANXIU
作 者	梁小流 主编
出版发行	中国水利水电出版社 (北京市海淀区玉渊潭南路1号D座 100038) 网址:www.waterpub.com.cn E-mail:sales@waterpub.com.cn 电话:(010)68367658(营销中心)
经 售	北京科水图书销售中心(零售) 电话:(010)88383994、63202643、68545874 全国各地新华书店和相关出版物销售网点
排 版	中国水利水电出版社微机排版中心
印 刷	天津嘉恒印务有限公司
规 格	184mm×260mm 16开本 16.75印张 397千字
版 次	2017年11月第1版 2021年1月第2次印刷
印 数	2001—4000册
定 价	49.00元

普通高等教育高职高专"十三五"规划教材之

中高职衔接系列教材
编　委　会

前言 QIANYAN

《汽车电气设备构造与检修》是根据教育部高职高专示范教材建设要求，围绕培养高素质技能型人才的目标，以能力为本位，以工作过程为导向而编写的。本教材以"汽车电工电子基础""汽车构造与维修"等多门专业课程为基础，兼顾理论知识和实践技能，从企业对工作岗位的实际能力需求出发设计课程内容，使学生在掌握必要理论知识的基础上，注重实践能力、知识应用能力和职业素养的培养。

本教材的编审团队，主要由既有丰富的汽车修理实践经验又有多年职教经验的教师组成，为适应汽车电气设备与电子技术的不断发展，满足维修人员在汽车售后服务及维修工作中涉及汽车电气设备知识和技能的需要，特编写了本教材，以便使汽车维修专业学生和技术人员能更全面地、系统地掌握有关汽车电气设备的相关技术。

本教材根据汽车电器设备类型分为9个工作项目，内容包括汽车电气系统的整体认知、识读汽车电气电路图、电源系统、启动系统、点火系统、汽车照明与信号系统、汽车仪表与报警系统、辅助电气设备和汽车空调系统。各系统内容涉及电路设备的作用、分类、组成结构、工作原理以及控制电路分析、常见故障分析等。每个教学任务包括项目引入、学习目标、相关知识、实操任务单4个部分。学习目标分为知识目标和能力目标，其中知识目标为理论课程所必须掌握的内容，能力目标为实训课程所必须掌握的技能；每个学习任务后都有实操任务单和思考题，并通过实操训练，让学生在"做中学、学中做"，有效地调动学生学习的积极性。通过本教材的学习，使学生掌握汽车电气电子系统基本理论知识，能够熟悉汽车电气系统的组成、结构与工作原理，学会汽车电路的分析方法，具备对电气系统常见故障诊断、排除的能力。

本教材由广西水利电力职业技术学院梁小流担任主编，由广西水利电力职业技术学院邓登云、武鸣区职业技术学校李宝树任副主编。梁小流编写项目1、项目2；李宝树编写项目3；广西水利电力职业技术学院李吉生编写项目4；邓登云编写项目5；武鸣区职业技术学校梁桂川编写项目6；广西水利电力职业技术学院牟林编写项目7；广西水利电力职业技术学院邓永权、上海中锐教育投资股份有限公司何科宇编写项目 8；广西水利电力职业技术学院巫尚荣编写项目 9。本教材由肖翔主审，并且得到了教材编写委员会委员们的热情关怀和指导，在此一并表示衷心感谢！

本教材是普通高等教育高职高专"十三五"规划教材之中高职衔接系列教材中的一本，由广西壮族自治区县级中专综合改革帮扶奖补经费项目予以资助。特色教材的编写是一项探索性的工作，时间紧迫，不足之处在所难免，欢迎老师和学生对教材提出宝贵意见和建议，以便日后修订时补充更正。

编者

2017 年 5 月

目录 NULU

汽车电气系统的整体认知

【项目引入】

小白同学在学校就要进入汽车电气设备构造与检修课程的学习。随着现代汽车技术的发展，汽车电气设备的结构与性能都在不断进步，特别是电子技术在汽车上的应用广泛。面对越来越先进的汽车电气系统，小白同学的心里泛起了嘀咕，如何学习呢？

【学习目标】

知识目标：

（1）了解汽车电气系统的组成。

（2）了解汽车电气系统的特点。

（3）了解汽车电气系统的发展趋势。

能力目标：

（1）能够在实车上找到相应的汽车电气部件。

（2）能够分辨出每一部件所属的电气系统。

（3）掌握安全操作规程和操作规范。

【相关知识】

自汽车问世一百多年来，其发展给整个世界和人类的生活带来了巨大的变化，汽车技术也取得了令人瞩目的进步。汽车电气设备是汽车的重要组成部分，随着汽车技术的进步，汽车电气设备的结构与性能也在不断的进步，特别是电子技术在汽车上的广泛应用，在解决汽车节能降耗、行车安全、减少排放污染等方面起着越来越重要的作用。同时，只有掌握了汽车电气设备各系统的作用、基本工作原理，并及时掌握各种新技术在汽车电气设备中的应用，才能适应汽车发展的要求、维护好汽车的电气设备。

1. 汽车电气系统的组成

现代汽车的电气设备种类和数量都很多，但总的来说，可以大致分为三大部分，即电源系统、用电设备和配电装置，如图1.1所示。

（1）电源系统。汽车电源包括蓄电池、发电机及调节器。

发动机不工作时由蓄电池供电，发动机启动后，转由发电机供电。发电机在向用电设备供电的同时，也给蓄电池充电。调节器的作用是在发电机工作时，保持其输出电压的稳定。

（2）用电设备。

1）启动系统。启动系统用来启动发动机，主要包括启动机及其控制电路。

2）点火系统。点火系用来产生电火花，点燃汽油机气缸中的可燃混合气。它有传统

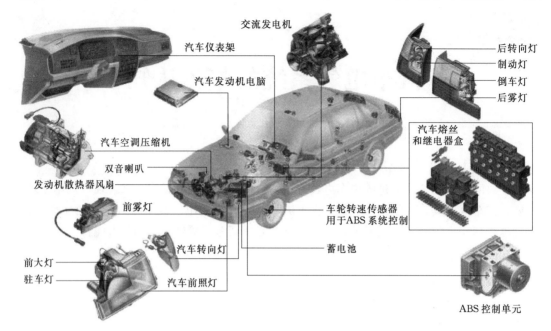

图 1.1 汽车电气系统的组成

点火系、电子点火系、电脑控制点火系之分。主要包括点火线圈、点火器、分电器总成和火花塞等。

3）照明系统。照明系统提供车辆夜间安全行驶必要的照明，包括车外和车内的照明灯具。

4）信号系统。信号系统提供安全行车所必需的信号，包括音响信号和灯光信号两类。有些书也将上述两个系统合在一起。

5）仪表及报警系统。用于监测发动机及汽车的工作情况，使驾驶员能够通过仪表及报警系统，及时发现发动机及汽车运行的各种参数的变化及异常情况，确保汽车正常运行。它主要包括车速里程表、发动机转速表、水温表、燃油表、电压（电流）表、机油压力表、气压表及各种报警灯等。

6）辅助电气系统。辅助电气系统包括电动风窗刮水器、风窗洗涤器、空调器、低温启动预热装置、汽车音响、点烟器、车窗玻璃电动升降器、坐椅电动调节器和防盗装置等。

辅助电气设备有日益增多的趋势，主要向舒适、娱乐、保障安全等方面发展。车辆的豪华程度越高，辅助电气设备就越多。

7）电子控制系统。汽车电子控制系统主要指利用微机控制的各个系统，包括电控燃油喷射系统、电控点火系统、电控自动变速器、制动防抱死装置、电控悬架系统、自动空调等。电控系统的采用可以使汽车上的各个系统均处于最佳工作状态，达到提高汽车动力性、经济性、安全性、舒适性，降低汽车排放污染的目的。

（3）配电装置。任何电气设备和电控装置要想获得电源供应，配电装置的连接必不可少。常见的配电装置包括汽车线束、开关装置、保险装置、继电器、连接端子及插接件等，使全车电路构成一个统一的整体。这些配电装置的选用和装配直接影响到用电设备的运行状况。

2. 汽车电气系统的特点

汽车种类和品牌繁多，各国汽车电气设备的数量不等，其安装的位置，接线的方法等也各有差异。但无论进口汽车还是国产汽车，其电气设备的设计一般都遵循一定的规律，均具有以下特点：

（1）采用直流电。由于汽车上的电源之一是蓄电池，蓄电池为直流电源，且蓄电池放电后必须采用直流电源对其充电，因此汽车上的发电机也必须输出直流电，由于上述原因，汽车上采用直流电。

（2）采用低压电源。汽车电气系统的额定电压有12V和24V两种，目前汽油车普遍采用12V电源，重型柴油车多采用24V电源。随着汽车电气设备电子化程度的提高和设备的增多，汽车电源电压有提高的趋势，以满足不断增加的用电需求。汽车42V电源系统正处于开发之中。

（3）采用单线制。普通的电器系统必须用两条导线，一条为电源线，另一条为搭铁线，这样才能构成回路，使用电设备能够正常用电。而汽车上所有的用电设备都是并联的，从理论上讲需要有一根公共的电源线和一根公共的搭铁线，而汽车的底盘及发动机是由金属制造的，具有良好的导电性能，因此用汽车的金属机体作为一条公共搭铁线，从而达到节约导线、使电器线路简单、安装维修方便的目的，因此现代汽车基本上都采用单线制。但现代汽车上也有一些部位没有与汽车金属机体相连，这些地方则必须采用双线制。

（4）负极搭铁。由于汽车采用单线制，所以电气系统的两个线路当中的一条必须用汽车的金属机体代替。在接线时，电源的一极或用电设备的一极要与金属机体相连，这样的连接称为搭铁。对直流电系统来说，系统的正极或负极均可作为搭铁极。但按照国际通行的做法和我国GB 2261—71《汽车拖拉机用电设备技术条件》的规定，汽车电气系统一定为负极搭铁。

（5）用电设备并联。汽车上的用电设备之间都采用并联的方式，每个用电设备均由各支路的专用开关控制，互不干扰。

（6）各用电设备前均装有保险装置。保险装置有熔断丝、易熔线。

（7）汽车线路均有颜色和编号。汽车所有低压线必须选用不同颜色的单色、双色甚至多色线，并在其上标有标号，编号由厂家统一。

3. 汽车电气系统的发展趋势

随着汽车燃油喷射、电动门窗、电动座椅等电控系统的增加，如果仍采用常规的布线方式，将导致汽车上电线数目急剧增加。粗大的线束不仅会占用汽车上宝贵的有限空间资源，而且也越来越难以将其安装在隐蔽位置。为了解决汽车新技术的发展应用与汽车线束根数及线径急剧增加的突出矛盾，汽车制造引入汽车数据总线技术，如图1.2所示。它就是将过去一线一用的专线制改为一线多用制，大大减少了汽车上电线的数目，缩小了线径的直径。当然，数据总线还将计算机技术融入整个汽车系统之中，从而加速汽车智能化的发展。

随着科学技术和汽车工业的飞速发展，汽车电器日趋复杂，传统的汽车电气控制系统正在被电子化、网络化和智能化所取代，集成电路和微型计算机已被广泛应用于汽车上，如图1.3所示。

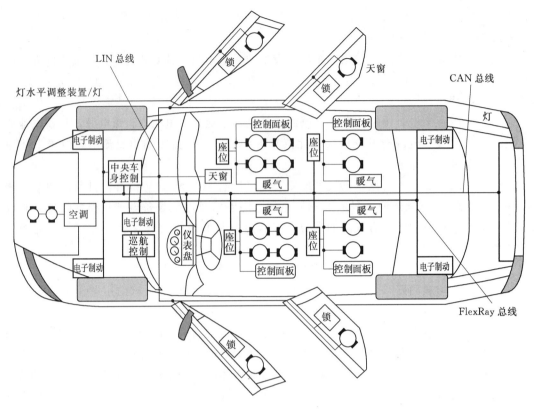

图 1.2 汽车数据总线示意图

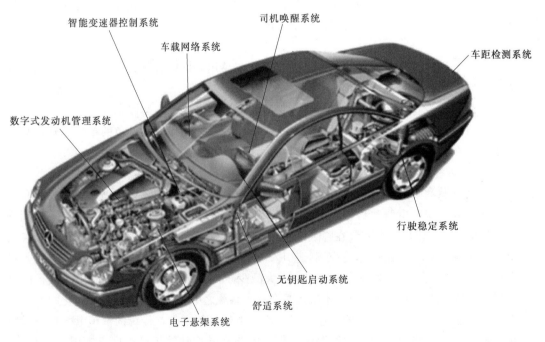

图 1.3 现代汽车电气系统示意图

【实操任务单】

<table>
<tr><td colspan="3" align="center">整车电气系统认知作业工单
班级：_____ 组别：_____ 姓名：_____ 指导教师：_____</td></tr>
<tr><td>整车型号</td><td colspan="2"></td></tr>
<tr><td>车辆识别代码</td><td colspan="2"></td></tr>
<tr><td>发动机型号</td><td colspan="2"></td></tr>
<tr><td align="center">任务</td><td align="center">作业记录内容</td><td align="center">备注</td></tr>
<tr><td>一、前期准备</td><td>正确组装三件套（方向盘套、座椅套、换挡手柄套）、翼子板布和前格栅布。□
工位卫生清理干净。□</td><td>环车检查车身状况</td></tr>
<tr><td>二、车身外部</td><td>1. 前部灯光组成：_____
2. 后部灯光组成：_____</td><td></td></tr>
<tr><td>三、机舱内部</td><td>1. 蓄电池的位置、发电机的位置。□
2. 保险盒的位置。□
3. 启动机的位置。□
4. 采用_____缸点火，高压线圈安装在_____。□
5. 压缩机的位置、冷凝器的位置。□
6. 干燥罐的位置。□
7. 雨刷的位置。□
8. 洗涤液壶的位置。□</td><td></td></tr>
<tr><td>四、驾驶室内部</td><td>1. 仪表的组成：_____
2. 灯光组合开关的位置，左边都有哪些灯光控制开关，右边雨刷开关有几个挡位。
3. 门窗：手动□　电动□
4. 座椅：手动□　电动□
5. 后视镜：手动□　电动□
6. 汽车空调：手动□　电动□
7. 室内保险盒安装在_____</td><td></td></tr>
<tr><td>五、竣工检查</td><td>汽车整体检查（复检）。□
整个过程按 6S 管理要求实施。□</td><td></td></tr>
</table>

思　考　题

1. 汽车电气系统由哪几部分组成？
2. 全车电路及配电装置由哪些元件组成？
3. 汽车电气系统的特点？

识读汽车电气电路图

【项目引入】

　　小白同学通过对汽车电气系统的整体认知，对汽车的电气系统有了总体的认识，懂得了要想解决复杂的电路系统故障，必须通过仔细阅读电路图，并根据其相应功能才能对故障进行分析，准确查出故障部位。该如何利用电路图排除故障呢？

任务 2.1　汽车电路图的基础知识

【学习目标】

　　知识目标：

　　（1）了解汽车电器基础知识。

　　（2）掌握汽车电路中常用符号。

　　能力目标：

　　（1）学会万用表的正确使用方法。

　　（2）学会使用万用表检测基础元件。

【相关知识】

　　汽车电气系统主要由电源、用电设备和中间装置组成。任何电气设备和电控装置要想获得电源供应，中间装置的连接都必不可少。

　　常见的连接装置有汽车线束、开关装置、保险装置、继电器、插接器和配电系统等，这些中间装置的选用和装配直接影响到用电设备的运行状况。

　　1. 汽车线束

　　汽车电气系统的导线有低压线和高压线两种。低压线中有普通线、屏蔽线、启动电缆和蓄电池搭铁电缆之分；高压线有铜芯线和阻尼线之分。

　　（1）导线的颜色。为便于安装和检修，低压导线常以不同的颜色加以区分。各国汽车厂商在电路图上多以字母（主要是英文字母）表示导线颜色及其条纹颜色，甚至各品牌汽车电路导线的颜色代号各不相同，在读图时要注意。

　　导线常用颜色见表 2.1，在线路复杂的汽车上，导线采用条纹标志对比的双色线，如红/黑（红为主色，黑为条件辅色）、蓝/白、白/红等。

　　（2）导线的截面积。导线的截面积根据工作电流的大小来选取，对于一些电流特别小的电器，如指示灯电路，为了保证应有的力学强度，导线的截面积不得小于 0.5mm^2。

　　导线的截面积标注在颜色代码前面，单位为 mm^2 时不标注，如 1.25R 表示导线截面积为 1.25mm² 的红色导线。1.0G/Y 表示导线截面积为 1.0mm² 的双色导线，主色为绿色，辅助色为黄色。

表 2.1　　　　　　　　　　　　　　常用汽车电路图配线颜色

缩写字母	英文	中文	缩写字母	英文	中文	缩写字母	英文	中文
B	Black	黑色	B	Blue	蓝色	PNK	Pink	粉色
W	White	白色	GR	Gray	灰色	O	Orange	橙色
R	Red	红色	BR	Brown	棕色	Y	Yellow	黄色
G	Green	绿色	V	Violet	紫色	LG	Light Green	浅绿

为使全车电气线路规整，安装方便及保护导线的绝缘，汽车上的全车线路除高压线、蓄电池电缆和启动机电缆外，一般将同区域的不同规格的导线用棉纱或薄聚氯乙烯带缠绕包扎成束，称为线束，如图 2.1 所示。

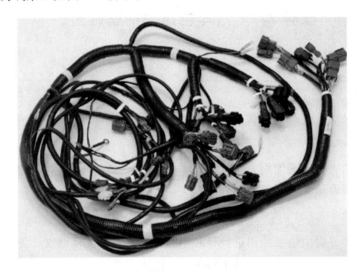

图 2.1　汽车线束

2. 开关装置

汽车电器开关和普通电器开关的作用和原理虽有相似之处，但由于汽车用开关是控制汽车上各种控制装置电路的开关，其控制对象不同，操作的方式也是多种多样，所以与普通电器开关相比具有一定的特殊性。

（1）点火开关。点火开关（图 2.2）是汽车电路中最重要的开关，是各条电路分支的控制枢纽。其主要功能是锁住转向盘转轴（LOCK），接通点火仪表指示等（ON 或 IG），启动（ST 或 START）挡，附件挡（ACC 主要是收放机专用），如果用于柴油车则增加（HEAT）挡。在启动、预热挡时，由于工作电流很大，开关不易接通过久，所以这两挡在操作时必须用手克服弹簧力，扳住钥匙，一松手就弹回点火挡，不能自行定位，其他挡均可自行定位。

（2）组合开关。如图 2.3 所示，组合开关包括刮水器开关（高速、低速、间歇、关闭），转向开关（左右转向变道），变光开关（远光、近光、超车），洗涤按钮开关，喇叭

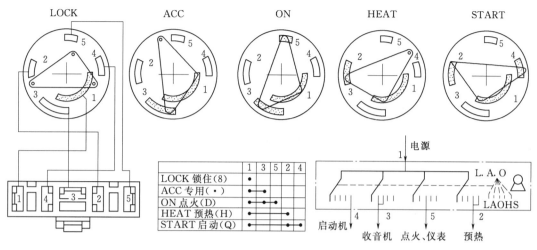

	1	3	5	2	4
LOCK 锁住(8)	●		●		
ACC 专用(·)	●	●			
ON 点火(D)	●	●	●		
HEAT 预热(H)	●	●	●		●
START 启动(Q)	●	●		●	●

（a）五挡位点火开关簧片各挡位置　　（b）表格法　　（c）触刀挡位图法

图 2.2　点火开关

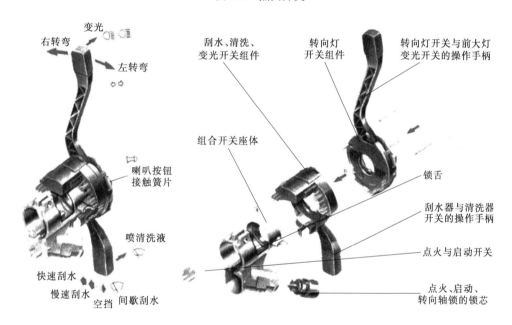

图 2.3　组合开关

按钮开关，是用来控制照明与灯光信号装置以及一些其他附件的多功能组合开关。它通常为手柄式，安装在方向盘下的转向柱上，以便于驾驶员操作。一般情况下，组合开关分两个手柄和一个按钮。

（3）翘板式开关。翘板式开关，如图 2.4 所示，主要用来控制仪表灯、顶灯、停车灯、危急报警灯、雾灯等。

（4）压力式开关。压力式开关按作用力来源分液压控制式、气压控制式及脚踏式三种。分别作为油压开关、气压制动灯开关、高低压报警灯开关等。空调压力开关如图 2.5

所示。

图 2.4 翘板式开关

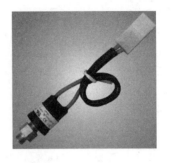

图 2.5 空调压力开关

3. 保险装置

保险装置用于电路或电气设备在发生短路及过载时能自动切断电路，以防线束或电气设备烧坏，如图 2.6 所示。汽车上常见的保险装置有易熔线、熔断器（片）及电路断路保护器。

（1）易熔线。易熔线（图 2.7）是一种截面积小于被保护电线截面的、可长时间通过额定电流的铜芯低压导线或合金导线。当电流超过易熔线额定电流数倍时，易熔线首先熔断，以确保线路或电气设备免遭损坏。易熔线不能绑扎于线束内，也不得被其他物品所包裹。

（2）熔断器。熔断器（图 2.8）常用于保护局部电路，其限额电流值较小。熔断器的主要元件是熔断丝（片），其材料是锌、锡、铅、铜等金属的合金。现代汽车常设有多个熔断器。常见熔断器按外形可分为熔片式、熔管式、绝缘子式、缠丝式、插片式等。

图 2.6 保险装置   图 2.7 易熔线   图 2.8 熔断器

（3）断路器。断路器如图 2.9 所示，常用于保护电动机等较大容量电气设备。当电动机卡死造成电流过大或发生短路故障时，超过额定值数倍的电流使双金属片受热变形，触点断开，自动切断电路以保护电气设备或线路。与易熔线和熔断器相比，其特点是可重复使用。有些断路器需要手动复原，有些必须撤销电源后才能复原。在汽车上常用于刮水电动机、车窗玻璃升降电动机等的电路中。

4. 继电器

继电器（图 2.10）是利用电磁或其他方法（如热电或电子），实现自动接通或切断一对或多对触点，以实现用小电流控制大电流，以减小控制开关触点的电流负荷。常用的继

图 2.9　断路器

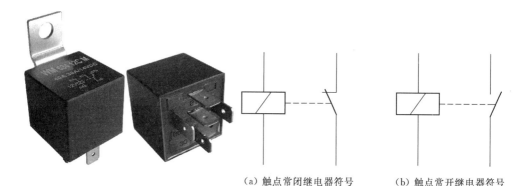

（a）触点常闭继电器符号　　　　（b）触点常开继电器符号

图 2.10　继电器

电器有进气预热继电器、空调继电器、喇叭继电器、雾灯继电器、风窗刮水器清洗器继电器、危急报警灯与转向闪光继电器等。

继电器一般由一个控制线圈和一对或两对触点组成，触点有常开和常闭之分。检查时，用万用表的电阻挡测量继电器的线圈，检查其电阻是否符号要求。如果电阻符合要求，再给继电器线圈加载工作电压，检查其触点的工作情况。如果是常开触点，加载工作电压后，触点应闭合，连接触点两引脚间的电阻为 0；如果是常闭触点，加载工作电压后，其触点应断开，连接触点两引脚间的电阻为无穷大。

车用继电器的工作电压分为 12V 和 24V 两种，分别应用于相应标称电压的汽车上。两种标称电压的继电器不能互换使用。

5. 插接器

插接器就是通常说的插头和插座。插接器是一种连接分线束之间、线束与用的设备之间与开关之间的电器装置，又称为连接器，如图 2.11 所示。插接器不能松动、腐蚀，为保证插接器的可靠连接，其上都有锁紧装置，而且为了避免安装中出现差错，插接器还制成不同的规格、形状。要拆开插接器必须先解除锁闭，然后才把插接器拉开。

6. 配电系统

一般整车电气系统通常采用中央接线板方式，即大部分继电器和熔断丝都安装在中央

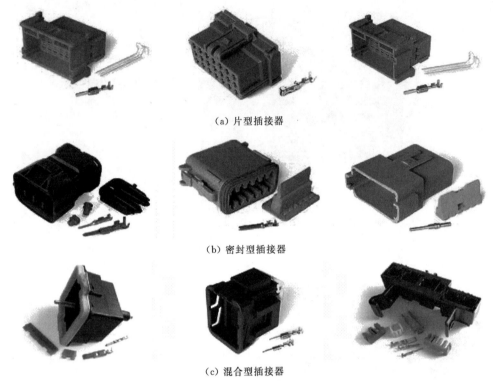

（a）片型插接器

（b）密封型插接器

（c）混合型插接器

图 2.11 汽车线束插接器

线路板正面。主线束从中央线路板背面接插后通往各用电器。中央线路板上标有线束和导线接插位置的代号及接点的数字号。为便于诊断故障、规范布线，现代汽车常将熔断器断路保护器、继电器等电路易损件集中布置在一块或几块配电板上，配电板背面用来连接导线，这种配电板及其盖子就组成了中央控制盒。大众帕萨特 B5 中央控制盒及熔断器如图 2.12 所示。

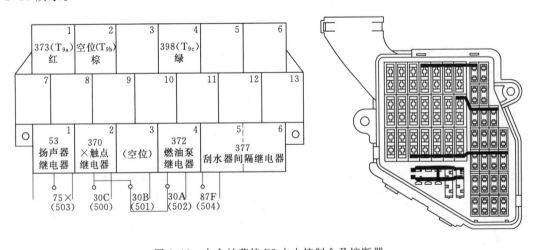

图 2.12 大众帕萨特 B5 中央控制盒及熔断器

【实操任务单】

整车电路图基础认识作业工单

班级： _____ 组别： _____ 姓名： _____ 指导教师： _____

整车型号		
车辆识别代码		
发动机型号		
任务	作业记录内容	备注
一、前期准备	正确组装三件套（方向盘套、座椅套、换挡手柄套）、翼子板布和前格栅布。□ 工位卫生清理干净。□	环车检查车身状况
二、机舱内部	1. 认识线束的组成与安装。□ 线束的组成： _____ 线束的安装： _____ 2. 线束与哪些设备和传感器连接？□ _____ _____ _____ 3. 线束与线束、线束与设备、线束与传感器之间的连接。□	
三、驾驶室内部	1. 保险的结构形式与安装。□ 2. 保险的颜色与参数，保险的检测。□ 3. 继电器的结构形式与安装。□ 4. 继电器的参数与检测。□ 5. 插接器的结构与安装。□ 6. 点火开关的结构原理与接线。□ 7. 组合开关的结构原理与接线。□	
四、竣工检查	汽车整体检查（复检）。□ 整个过程按 6S 管理要求实施。□	

思　考　题

1. 汽车保险的颜色与其参数值的对应关系？
2. 汽车线束插接器的结构形式有哪些？
3. 如何检测继电器的好坏？

任务 2.2　汽车电路分析

【学习目标】

知识目标：

（1）了解汽车电气线路的特点。

（2）了解汽车电路图类型。

（3）掌握识读汽车电路图原则。

能力目标：

学会识读汽车电路图。

【相关知识】

2.2.1　汽车电气线路的特点

1. 低压直流供电

为了简化结构和保证安全，汽车电器设备采用低压直流供电。柴油车大多采用低压24V供电（也有的柴油车采用12V供电，但较少见），汽油车大都采用12V直流电压供电。低压供电取自蓄电池或发电机，两者的电压值保持一致。

2. 安装有熔断装置

为了防止电路或元器件因搭铁或短路而烧坏电线束和用电设备，各种类型的汽车上均安装有熔断装置。这些熔断装置有的串接在元器件（或零部件）回路中，也有的串接在支路中。

3. 大电流开关通常加中间继电器

汽车中大电流的用电器如启动机、电扬声器等工作时的电流很大，如果直接用开关控制它们的工作状态，往往会使控制开关过早损坏。因此，控制大电流用电设备的开关常采用加中间继电器的方法，即采用控制继电器线圈的小电流，使继电器触点的闭合来接通用电设备的大电流回路。

4. 汽车电路上有颜色和编号特征

随着汽车用电设备的增加，导线数目也在不断增多，为便于识别和检修汽车电器设备，汽车电路中的低压线均在汽车电器线路图上用有颜色的字母代号标注出来。

2.2.2　汽车电路图类型

汽车电路有部分电路和整车电路之分。部分电路也称局部电路或单元电路，通常有电源电路、启动电路、点火电路、照明电路、信号及仪表电路等。整车电路即汽车电器总电路，通常将汽车上各种电器设备按照它们各自的工作特点和相互联系，通过各种开关、熔断等装置，用导线把它们合理地连接起来而构成的一个整体电路。

根据汽车电路图的不同用途，主要有原理框图、电路原理图、线路图和线束安装图。

1. 原理框图

原理框图是指用符号或带注释的图框，概略表示汽车电气基本组成、相互关系及其主要特征的一种简图，如图 2.13 所示。

原理框图是从总体上来描述系统或分系统的，它是系统或分系统设计初期的产物，是依据系统或分系统按功能依次分解的层次绘制的。

2. 电路原理图

原理图是用国家统一规定的图形符号，把仪器及各种电器设备，按电路原理，由上到下合理地连接起来，然后再进行横向排列，如图 2.14 所示。

原理图的特点是：对线路图作了高度地简化，图面清晰、电路简单明了、通俗易懂、电路连接控制关系清楚，有利于快速查找与排除故障。

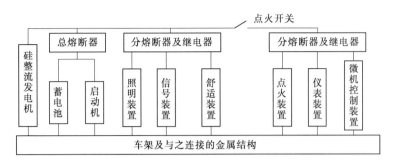

图 2.13　汽车全车电器系统的原理框图

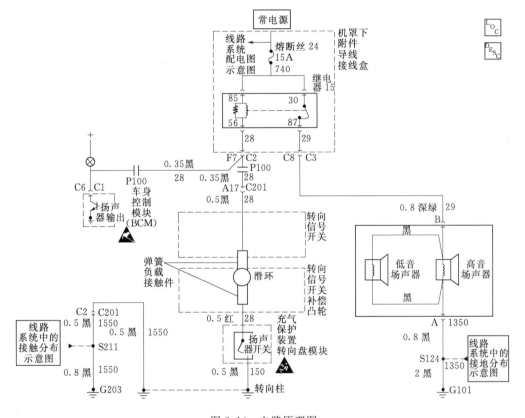

图 2.14　电路原理图

　　识读原理图的要点是：识读各电器设备的各接线柱分别和哪些电路设备的哪个接线柱相连；识读电路设备所处的分线路走向；识读分线路上的开关、保险装置、继电器结构和作用。

　　汽车电路原理图是用电器图形符号，按工作顺序或功能布局绘制的，详细表示汽车电路的全部组成和连接关系，不考虑实际位置的简图。

　　3. 线路图

　　线路图是传统的汽车电路图表达方式，它将汽车电器在车上的实际位置相对应地用外形简图表示在电路图上，再用线条将电路、开关、保险装置等和这些电器一一连接起来。

　　线路图的特点是：由于电器设备的外形和实际位置都和原车一致，因此，查找线路时，导线中的分支、接点很容易找到，线路的走向和车上实际使用的线束的走向基本一致。

线路图的缺点是：线条密集、纵横交错，导致读图和查找、分析故障时，非常不方便，如图 2.15 所示。

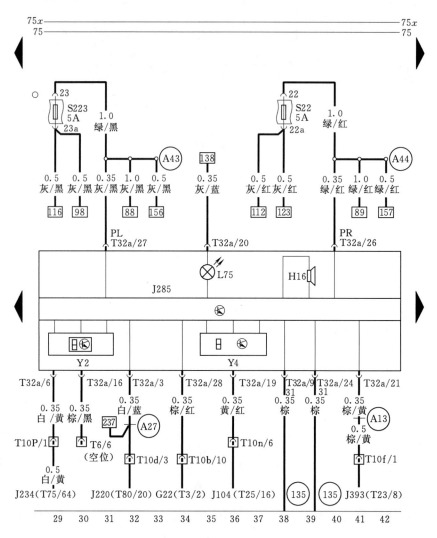

图 2.15　线路图样图

G22—里程表传感器；在变速器内；H16—灯光打开时的报警蜂鸣器；J220—电喷控制单元；J104—ABS 制动防抱死系统控制单元；J234—安全气囊控制单元；J393—舒适电子的控制单元；L75—数字钟显示照明灯；S22—溶断丝 22，5 A，在熔断丝架上；S223—溶断丝 23，5 A，在熔断丝架上；T3—2 针插头（里程表传感器插头）；T6—6针插头，黑色，在右 A 柱处（不接在支架上）；T10b—10 针插头，黑色，在发动机室中的控制单元防护罩中的左侧（1 号位）；T10—3 针插头，棕色，在发动机室中的控制单元防护罩中的右侧（2 号位）；T10f—1 针插头，蓝色，在左 A 柱处（6 号位）；T10g—10 针插头，黄色，在右 A 柱处（5 号位）；T10n—10 针插头，橙色，在左 A 柱处（15 号位）；T23—23 针插头，舒适电子控制单元的连接插头，在舒适系统控制单元上；T25—16 针插头，在 ABS 控制单元上；T75—64 针插头，在安全气囊控制单元上；T80—20 针插头，在发动机控制单元上；Y2—数字钟；Y4—里程表；㊸—连接线（车门接触开关），在仪表板线束；㊸—5 连接线（车速信号），在仪表板线束内；㊸—连接线（58L），在仪表板线束内；㊹—连接线（58R），在仪表板线束内；㉟—一搭铁连接点 2，在仪表板线束内识读线路图的要点是：对该车所使用的电器设备结构、原理有一定的了解，对其电器设备规范比较清楚；通过识读认清该车所有电器设备的名称、数量以及它们在汽车上的实际安装位置；通过识读认清该车每一种电器设备的接线柱的数量、名称，了解每一接线柱的实际意义。

　　4. 线束安装图

　　线束安装图是汽车制造厂把汽车上实际线路排列好后，将有关导线汇合在一起扎成线束以后画成的树枝图，如图 2.16 所示。

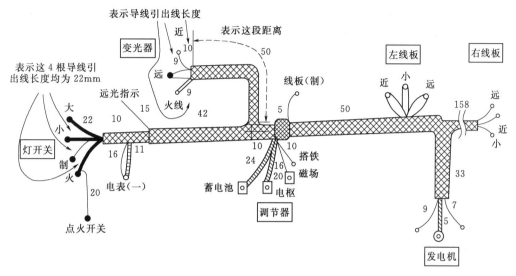

图 2.16　线束安装图

　　线束安装图的特点是：在图面上着重标明各导线的序号和连接的电器名称及接线柱的名称、各插接器插头和插座的序号。安装操作人员只要将导线或插接器按图上标明的序号，连接到相应的电器接线柱或插接器上，便完成了全车线路的装接。

　　线束安装图的识读要点是：认清整车共有几组线束、各线束名称以及各线束在汽车上的实际安装位置。认清每一线束上的枝权通向车上哪个电器设备、每一分枝权有几根导线、它们的颜色与标号以及它们各连接到电器的哪个接线柱上；认清有哪些插接件，它们应该与哪个电器设备上的插接器相连接。

　　在线束安装图上，部件与部件间的导线以线束形式出现，线束图与敷线图相似，但图面比敷线图简单明了，接近实际，对使用、维修人员适用性较强。

2.2.3　识读汽车电路图的基本方法

　　1. 认真读几遍图注

　　图注是说明该汽车所有电器设备的名称及数码代号，通过读图注可以初步了解该汽车都装配了哪些电器设备。然后通过电器设备的数码代号在电路图中找出该电器设备，再进一步找出相互连线、控制关系。这样就可以了解绝大部分电路的特点和构成。

　　2. 牢记电器图形符号

　　汽车电路图是利用电器图形符号来表示其构成和工作原理的。因此，必须牢记电器图形符号的含义才能看懂电路图。

3. 熟记电路标记符号

为了便于绘制和识读汽车电器电路图，大多电器装置的接线柱都赋予不同的标志代号。例如，接至电源端接线柱用 B 表示，接至点火开关的接线柱用 SW 表示，接至启动机的接线柱用 S 表示，接至各种灯具的接线柱用 L 表示，发电机中性点接线柱用 N 表示，励磁电压输出端接线柱用 D+ 表示。

4. 牢记回路原则

任何一个完整的电路都是由电源、熔断器、开关、用电设备、导线等组成。电流流向必须从电源正极出发，经过熔断器、开关、导线等到达用电设备；再经过导线（或搭铁）回到电源负极，才能构成回路。

因此电路读图时，有三种思路：

思路一：沿着电路电流的流向，由电源正极出发，顺藤摸瓜查到用电设备、开关、控制装置等，回到电源负极。

思路二：逆着电路电流的方向，由电源负极（搭铁）开始，经过用电设备、开关、控制装置等回到电源正极。

思路三：从用电设备开始，依次查找其控制开关、连线、控制单元，到达电源正极和搭铁（或电源负极）。

实际应用时，可视具体电路选择不同思路，但有一点值得注意：随着电子控制技术在汽车上的广泛应用，大多数电气设备电路同时具有主回路和控制回路，读图时要兼顾两回路。

5. 牢记搭铁极性

我国国家标准规定了汽车电气电路为负极搭铁（世界汽车制造也规定负极搭铁）。我国以前曾用过正极搭铁，故只有很旧的车型才是正极搭铁。

6. 化整为零

先看全车电路图，根据电路图上的电气图形符号及文字符号，首先对全车电气设备的概况作全面的了解，在大概掌握全图的基本原理的基础上，再把一个个单元系统电路分割开来，这样就容易抓住每一部分的主要功能及特性。

7. 掌握开关在电路中的作用

对多层多档多接线柱的开关要按层、按挡位、按接线柱逐级分析其各层各挡的功能。

8. 掌握开关、继电器的初始状态

在电路图中，各种开关、继电器都是按初始状态画出的。如按钮未按下，开关未接通；继电器线圈未通电，其触点未闭合（常开触点）或未打开（常闭触点），这种状态称原始状态。但在识图时，不能完全按原始状态分析，否则很难理解电路所表达的工作原理，因为大多数用电设备都通过开关、铰钮、继电器触点的变化而改变回路，进而实现不同的电路功能。

9. 掌握电器装置在电路图中的布置

在电器系统中，有大量电器装置是机电合一的，如各种继电器，还有多层多挡组合开关。这些电器装置在电路图上表示时，应做到使画法既简单（便于画图），又便于识图，可采用集中表示法或分开表示法。

随着汽车电路日趋复杂，一个电器装置有较多的组成部分（如组合开关、继电器的线圈、触点），若集中画在一起，则易引起线条往返和交叉线过多，造成识图困难。这时宜采取分开表示法，即把继电器的线圈、触点分别画在不同的电路中，用同一个文字符号或数字符号将分开部分联系起来。

【实操任务单】

<table>
<tr><td colspan="3" align="center">整车电路分析作业工单</td></tr>
<tr><td colspan="3" align="center">班级：_____ 组别：_____ 姓名：_____ 指导教师：_____</td></tr>
<tr><td>整车型号</td><td colspan="2"></td></tr>
<tr><td>车辆识别代码</td><td colspan="2"></td></tr>
<tr><td>发动机型号</td><td colspan="2"></td></tr>
<tr><td align="center">任务</td><td align="center">作业记录内容</td><td align="center">备注</td></tr>
<tr><td>一、前期准备</td><td>正确组装三件套（方向盘套、座椅套、换挡手柄套）、翼子板布和前格栅布。□
工位卫生清理干净。□</td><td>环车检查车身状况</td></tr>
<tr><td>二、机舱内部</td><td>1. 观察与分析整车电线路的供电电源特点。□
2. 观察与分析整车电线路的过电流或过电压的防护措施。□
3. 观察与分析各用电设备或装置的输出控制所采用的控制方式。□
4. 汽车电线路中导线或信号线的颜色与线径大小。□</td><td></td></tr>
<tr><td>三、识读电气线路图</td><td>1. 根据维修手册电路图，对照机舱内部和驾驶室内部的电气设备的实际安装位置，识读汽车点火启动电路。□
2. 根据维修手册电路图，对照机舱内部和驾驶室内部的电气设备的实际安装位置，识读汽车的左侧灯光控制电路。□</td><td></td></tr>
<tr><td>四、竣工检查</td><td>汽车整体检查（复检）。□
整个过程按 6S 管理要求实施。□</td><td></td></tr>
</table>

思 考 题

1. 分析汽车电气线路的特点？
2. 分析汽车电气线路图的类型？
3. 识读汽车电气线路图的基本方法？

任务 2.3 典型的大众车系电路图识读

【学习目标】

　　知识目标：

（1）了解大众车系电路图的结构组成。

（2）掌握大众车系电路图的符号说明。

能力目标：

（1）学会识读大众车系全车电路图。

（2）学会利用电路图检查故障。

【相关知识】

大众车系的电路图一般包含电路图的结构、电路图符号说明、电路图、继电器位置和名称，熔断丝名称、容量及位置，中央电器盒上插头和线束的名称、缩写词等基本内容。

2.3.1 电路图例解

大众车系电路图，如图 2.17 和图 2.18 所示。

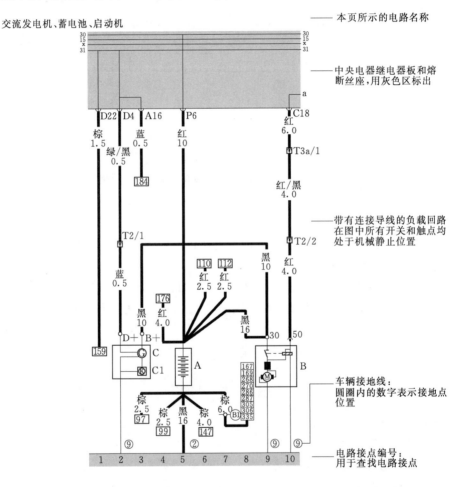

图 2.17 大众车系电路图（1）

A—蓄电池；B—启动机；C—交流发电机；C1—调压器；D—点火开关；T2—发动机线束与发电机线束插头连接，2 针，在发动机舱中间支架上；T3a—发动机线束与前照灯线束插头连接，3 针，在中央电器后面；②—接地点，在蓄电池支架上；⑨—自身接地；⑧—接地连接线，在前照灯线束内

20

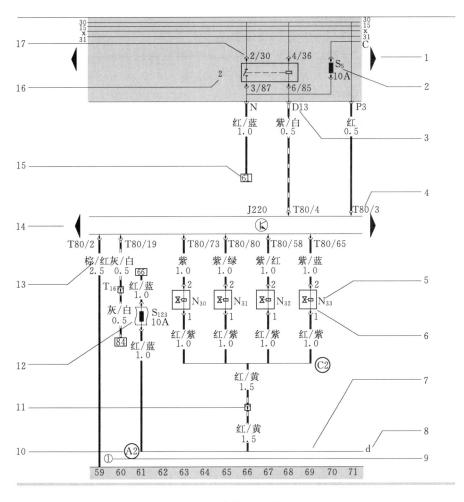

图 2.18 大众车系电路图（2）

大众车系列汽车整车电气系统采用中央线路板方式，即大部分继电器和熔丝都安装在中央线路板正面。主线束从中央线路板反面接插后通往各用电器。中央线路板上标有线束和导线接插位置的代号及接点的数字号。

主要线束的插件代号有 A、B、C、D、G、H、L、K、M、N、P、R。其中 P 插座插入常电源线，R、K、M 为空位插孔。

查找时只要根据电路图中导线与中央线路板区域中下框线交点处的代号，就能了解其导线在某个线束中的第几个插头上。

整车电气系统正极电源分为三路：标有"30"的为常电源线，即与蓄电池直接相连，中间不经过任何开关，无论是停车时或发动机处于熄火状态均有电，可供发动机熄火时也需要用电的电器使用；标有"15"的为小容量电器电源线，是在点火开关接通后才能有电的电源线；标有"X"的为车辆大容量电源线，给大功率用电设备供电，当车辆启动时，该电源被切断。

1. 电路图标识说明

（1）向右三角箭头，表示下接下一页电路图。

（2）S 代表熔断丝，下脚标号的代表该熔断器在中央线路板上的位置。例如，S19 表示该熔断器处于中央线路板上的第 19 位，熔断丝的容量可通过它的颜色判断：如紫色为 3A，红色为 10A，蓝色为 15A，黄色为 20A，绿色为 30A 等。

（3）继电器板上插头连接代号，表示多针或单针插头连接和导线位置；例如，D13 表示多针插头连接，D 位置触点 13。

（4）接线端子代号，表示电器元件上接线端子数/多针插头连接触点号码。

（5）元件代号，在电路图下方可以查到元件名称。

（6）元件的符号，可参见"部件符号说明"。

（7）内部接线，该接线并不是作为导线设置，而是表示元件或导线束内部的电路。

（8）指示内部接线的去向，字母表示内部接线在下一页电路图中与标有相同字母的内部接线相连。

（9）搭铁点的代号，在电路图下方可查到该代号搭铁点在汽车上的位置。

（10）线束内连接线的代号，在电路图下方可查到该不可拆式连接位于哪个导线束内。

（11）连接插头，例如，T8a/6 表示 8 针 a 插头触点 6。

（12）附加熔断丝符号，例如，S123 表示在中央继电器附加继电器板上第 23 号位熔断丝，10A。

（13）导线的颜色和截面积（单位：mm^2）。

（14）向左三角箭头，指示元件接续上一页电路图。

（15）指示导线的去向，框内的数字指示导线连接到哪个接点编号。

（16）继电器位置编号表示继电器板上的继电器位置编号。

（17）继电器板上的继电器或控制器接线代号，该代号表示继电器多针插头的各个触点。例如 2/30 表示：2 表示继电器板上 2 号位插口的触点 2，30 表示继电器/控制器上的触点 30。

2. 部件符号说明

部件符号说明见表 2.2。

表 2.2　　　　　　　　　　部 件 符 号 说 明

符　号	含　义	符　号	含　义
	熔断丝		内部照明
	蓄电池		显示仪表

续表

符 号	含 义	符 号	含 义
	启动机		电子控制器
	发电机		电磁阀
	点火线圈		电磁离合器
	火花塞和火花塞插头		接线插座
	电热丝		插头连接
	电阻		元件上多针插头连接
	发光二极管		可拆式导线连接
	双丝灯泡		扬声器
	灯泡		喇叭

续表

符　号	含　义	符　号	含　义
	继电器		数字钟
	多挡手动开关		爆震传感器
	压力开关		感应式传感器
	按键开关		双速电动机
	温控开关		电动机
	手动开关		氧传感器
	线束内导线连接		不可拆式导线连接
	自动天线		点烟器
	收音机		后窗除雾器

3. 电路图说明

电源电压通过红 10 导线，中央接线盒内 P 插座端子 6 至中央接线盒内部连接 30 号线，为全车用电设备供电。电源电压由中央接线盒内部连接 30 号线通过燃油继电器 J17，中央接线盒插座 N，经附加熔断丝 S123，分别向喷油器 N30、N31、N32、N33 供电，并通过发动机控制器 J220 端子 73、端子 80、端子 58、端子 65 由发动机控制器 J220 控制搭铁。

2.3.2　继电器位置和名称

继电器位置和名称，如图 2.19 所示。

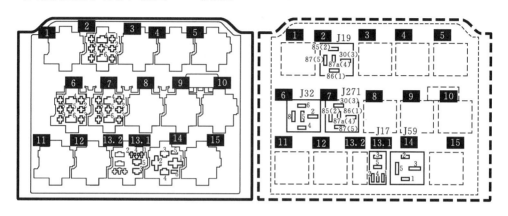

继电器位置	名称	产品序号	备注
1			空位
2	启动继电器	J19(643 继电器)	
3			空位
4			空位
5			空位
6	空调继电器	J32(126 继电器)	
7	Motronic 供电继电器	J271(643 继电器)	
8			空位
9			空位
10			空位
11			空位
12			空位
13.1	燃油泵继电器	J17(449 继电器)	
13.2			空位
14	X 触点卸载继电器	J59(100 继电器)	
15			空位

图 2.19　继电器位置和名称

2.3.3　保险丝名称和容量

保险丝名称和容量，如图 2.20 所示。

2.3.4　蓄电池支架保险丝名称和容量

蓄电池支架保险丝名称和容量，如图 2.21 所示。

保险丝颜色

40A—橙色

30A—绿色

25A—白色

20A—黄色

15A—蓝色

10A—红色

7.5A—棕色

5A—米色

位置编号	元件代号	功能/部件	额定值	位置编号	元件代号	功能/部件	额定值
1	SC1	左侧停车灯泡、左侧尾灯灯泡 左侧刹车灯和尾灯灯泡	5A	30	SC30	空调继电器	10A
2	SC2	右侧停车灯泡、左侧尾灯灯泡 右侧刹车灯和尾灯灯泡	5A	31	SC31	车灯开关	30A
3	SC3	后部车窗升降器联锁开关 副驾驶员侧车窗升降器开关 轮胎压力监控按钮 后行李箱盖把手开锁按扭 空调器控制单元 后视镜调节开关照明 收音机 点烟器 牌照灯 Tiptronic开关(自动挡车)	5A	32	SC32	车灯开关 手动防眩目功能开关 远光灯瞬间接通功能开关	15A
				33	SC33	点烟器	15A
				34	SC34	安全气囊螺旋弹簧/带滑环的复位环 (配6碟CD和导航系统的车) 收音机(配导航系统的车) 便携式导航准备插头	5A
				35	SC35	驾驶员侧车门控制单元	20A
				36	SC36	副驾驶员侧车门控制单元	20A
				37	SC37	滑动天窗调节控制单元	20A
4	SC4	左侧近光灯泡	10A	38	SC38	新鲜空气鼓风机开关 空调器控制单元 Climatronic控制单元 新鲜空气鼓风机	30A
5	SC5	右侧近光灯泡	10A
6	SC6	左侧远光灯泡	10A
7	SC7	右侧远光灯泡	10A
8	SC8	前雾灯开关 后雾灯开关	15A	39	SC39	前座椅控制单元	25A
9	SC9	倒车灯开关(手动挡车) BCM车身控制器(自动挡车)	5A	40	SC40	车窗玻璃刮水器调节器	7.5A
10	SC10	BCM车身控制器 收音机	5A	43	SC43	活性碳罐电磁阀1(周期性控制) 氧传感器加热装置(催化净化器前) 氧传感器1加热装置	7.5A
11	SC11	自诊断接口	5A
12	SC12	驻车灯开关	7.5A	44	SC44	高压传感器 空调器继电器 冷却液风扇控制单元 GRA开关(配电子定速车)	5A
13	SC13	后视镜调节开关	5A
14	SC14	Tiptronic开关(自动挡车) 驻车辅助控制单元 自动防眩目车内后视镜	5A
15	SC15	加热电阻(曲轴箱的排气孔)	5A	45	SC45	多功能开关(自动挡车) 自动变速器控制单元(自动挡车)	15A
16	SC16	BCM车身控制器	7.5A	46	SC46	BCM车身控制器	25A
18	SC18	BCM车身控制器	10A	47	SC47	BCM车身控制器	25A
19	SC19	雨天与光线识别传感器 BCM车身控制器	7.5A	48	SC48	BCM车身控制器	25A
				49	SC49	BCM车身控制器	20A
20	SC20	Climatronic控制单元	5A	50	SC50	BCM车身控制器	20A
21	SC21	组合仪表中带显示单元的控制单元	5A	51	SC51	收音机	20A
22	SC22	离合器踏板(车动挡车) 燃油泵继电器 Motronic发动机控制单元	5A	52	SC52	点火启动开关	30A
				53	SC53	1缸喷嘴 2缸喷嘴 3缸喷嘴 4缸喷嘴	10A
23	SC23	轮胎压力监控按钮 制动信号灯开关 ABS控制单元	5A
24	SC24	安全气囊控制单元	5A	54	SC54	带功率输出的点火线圈1 (发动机标识字母为CDE的车) 带功率输出的点火线圈2 (发动机标识字母为CDE的车) 带功率输出的点火线圈3 (发动机标识字母为CDE的车) 带功率输出的点火线圈4 (发动机标识字母为CDE的车) 点火线圈(发动机标识字母为CNE的车)	15A
25	SC25	Climatronic控制单元(自动空调车) 空调控制单元(手动挡车)	10A
26	SC26	组合仪表中带显示单元的控制单元	5A
27	SC27	自诊断接口	5A
28	SC28	燃油泵继电器	15A

注：图中带有"⟨⟩"的位置是空的，未占用，故没有列出。

图2.20 保险丝名称和容量

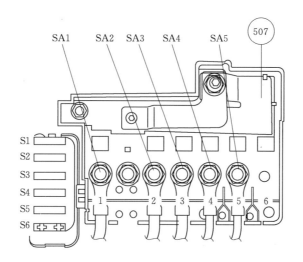

元件代号	功能/部件	额定值
SA1	交流发电机（用于配发动机标识字母 CDE 的车）	150A
	交流发电机（用于配发动机标识字母 CEN 的车）	175A
SA2	仪表板左侧保险丝支架上的保险比	
SA3	点火启动开关	40A
	X 触点卸载继电器	
	启动继电器（自动挡车）	
SA4	ABS 控制单元	40A
SA5	冷却液风扇控制单元	40A
S1	Motronic 供电继电器	30A
S2	Motronic 发动机控制单元	5A
S3	自动变速箱控制单元	5A
S4	制动真空泵（用于配有发动机标识字母 CEN 和自动挡车）	25A
S5	BCM 车身控制器	5A

注：图中带"⬦"的位置是空的，未占用，故没有引出。

图 2.21　蓄电池支架保险丝名称和容量

2.3.5　2008 款朗逸轿车的整车基本配置电路图

（1）BCM 车身控制器、蓄电池、交流发电机、电压调节器电器（图 2.22）。

（2）保险丝 SC 电路（图 2.23）。

（3）BCM 车身控制器电路（图 2.24～图 2.27）。

（4）BCM 车身控制器、点火启动开关电路（图 2.28）。

（5）基本配置电路：BCM 车身控制器、X 触点卸载继电器电路（图 2.29）。

（6）BCM 车身控制器、前雾灯灯泡、左侧停车灯灯泡、左侧侧面转向信号灯灯泡、左侧近光灯灯泡、左侧远光灯灯泡电路（图 2.30）。

（7）BCM 车身控制器、右侧停车灯灯泡、右侧侧面转向信号灯灯泡、右侧近光灯灯泡、右侧远光灯灯泡电路（图 2.31）。

（8）BCM 车身控制器、车灯开关、雾灯开关、车灯开关照明灯泡电路（图 2.32）。

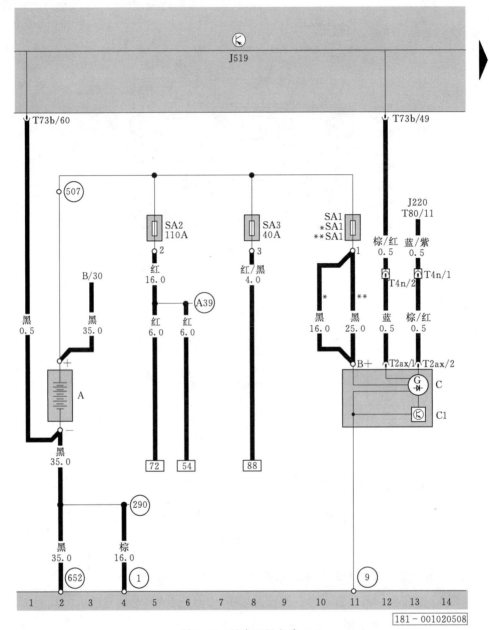

图 2.22　基本配置电路（1）

A—蓄电池；B—启动马达，在发动机舱在侧前方；C—交流发电机，在发动机右侧前方；C1—电压调节器，在交流发电机内；J220—Motronic 发动机控制单元，在发动机舱内排水槽中间；J519—BCM 车身控制器，在仪表板左侧下方；＊SA1—保险丝 1，150A，交流发电机保险丝，在蓄电池盖保险丝支架上；＊＊SA1—保险丝 1，175A，交流发电机保险丝，在蓄电池盖保险丝支架上；SA2—保险丝 2，110A，仪表板左侧保险丝盒内 30 号总线保险丝，在蓄电池盖保险丝支架上；SA3—保险丝 3，40A，点火启动开关、X 触点卸载继电器、启动继电器保险丝，在蓄电池盖保险丝支架上；T2ax—2 针插头，黑色，交流发电机插头；
T4n—4 针插头，黑色，在发动机舱内左纵梁前部右侧；T73b—73 针插头，白色，BCM 车身控制器插头，在 BCM 车身控制器 B 号位；T80—80 针插头，黑色，Motronic 发动机控制单元插头；①—接地点，蓄电池-车身，在左前纵梁上；⑨—接地点，自身接地；⑳—连接线，在蓄电池线束内；㊡—正极螺栓连接点（30），在蓄电池盖保险丝支架上；㊚—接地点，在启动机固定螺栓上；Ⓐ㊈—正极连接线（30），在仪表板线束内；＊—用于配有发动机标识字母 CDE 的轿车；
＊＊—用于配有发动机标识字母 CEN 的轿车

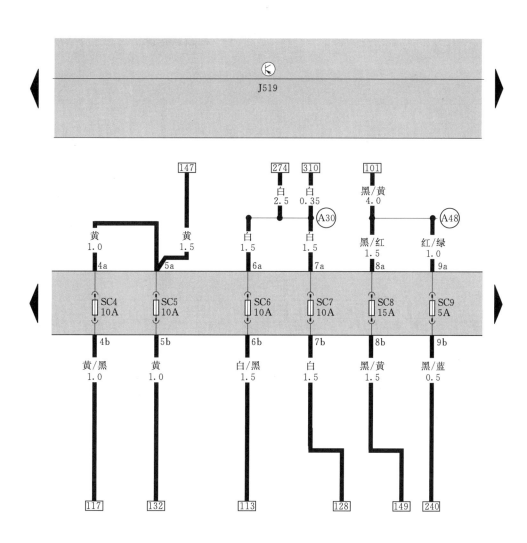

图 2.23 基本配置电路 (2)

J519—BCM 车身控制器，在仪表板左侧下方；SC4—保险丝 4，10A，左侧近光灯灯泡保险丝，在仪表板左侧保险丝支架上；SC5—保险丝 5，10A，右侧近光灯灯泡保险丝，在仪表板左侧保险丝支架上；SC6—保险丝 6，10A，左侧远光灯灯泡保险丝，在仪表板左侧保险丝支架上；SC7—保险丝 7，10A，右侧远光灯灯泡保险丝，在仪表板左侧保险丝支架上；SC8—保险丝 8，15A，雾灯开关保险丝，在仪表板左侧保险丝支架上；SC9—保险丝 9，5A，BCM 车身控制器、倒车灯开关保险丝，在仪表板左侧保险丝支架上；Ⓐ30—连接线，在仪表板线束内；Ⓐ48—连接丝，在仪表板线束内；

* —用于配有手动变速箱的轿车

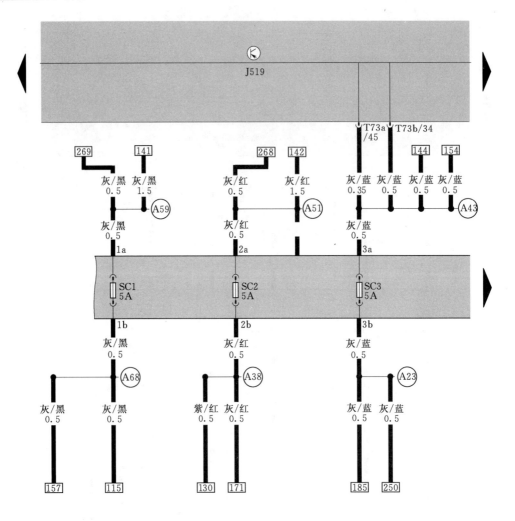

图 2.24 基本配置电路（3）

J519—BCM 车身控制器，在仪表板左侧下方；SC1—保险丝 1，5A，左侧停车灯灯泡、左侧尾灯灯泡、左侧
刹车灯和尾灯灯泡保险丝，在仪表板左侧保险丝支架上；SC2—保险丝 2，5A，右侧停车灯灯泡、右侧尾灯
灯泡、右侧刹车灯和尾灯灯泡保险丝，在仪表板左侧保险丝支架上；SC3—保险丝 3，5A，空调器控制单元、
后部车窗升降器联锁开关、后行李箱盖把手开锁按钮、车外后视镜加热按钮、收音机、左后车窗升降器开
关、点烟器、轮胎压力监控按钮、牌照灯、Tiptronic 开关保险丝，在仪表板左侧保险丝支架上；

T73a—73 针插头，黑色，BCM 车身控制器插头，在 BCM 车身控制器 A 号位；T73b—73 针插头，
白色，BCM 车身控制器插头，在 BCM 车身控制器 B 号位；Ⓐ²³—连接线，在仪表板线束内；Ⓐ³⁸—连
接线，在仪表板线束内；Ⓐ⁴³—连接线，在仪表板线束内；Ⓐ⁵¹—连接线，在仪表板线束内；
Ⓐ⁵⁹—连接线，在仪表板线束内；Ⓐ⁶⁸—连接线，在仪表板线束内

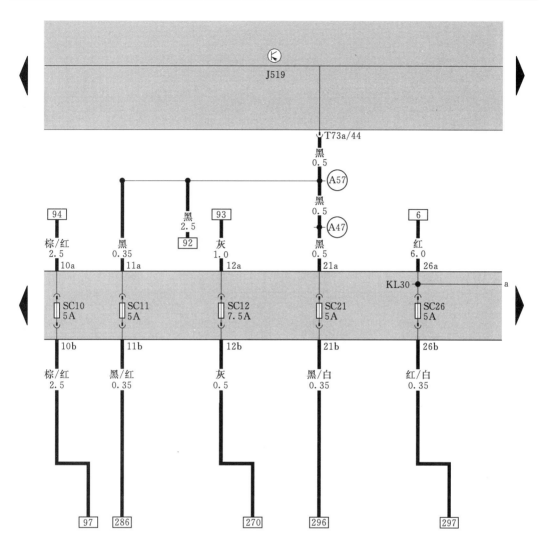

图 2.25　基本配置电路（4）

J519—BCM 车身控制器，在仪表板左侧下方；SC10—保险丝，10，5A，BCM 车身控制器、收音机保险丝，在仪表板左侧保险丝支架上；SC11—保险丝 11，5A，自诊断接口保险丝，在仪表板左侧保险丝支架上；SC12—保险丝 12，7.5A，驻车灯开关保险丝，在仪表板左侧保险丝支架上；SC21—保险丝 21，5A，组合仪表中带显示单元的控制单元保险丝，在仪表板左侧保险丝支架上；SC26—保险丝 26，5A，组合仪表中带显示单元的控制单元保险丝，在仪表板左侧保险丝支架上；T73a—73 针插头，黑色，BCM 车身控制器插头，在 BCM 车身控制器 A 号位；Ⓐ—连接线，在仪表板线束内；Ⓜ—连接线，在仪表板线束内

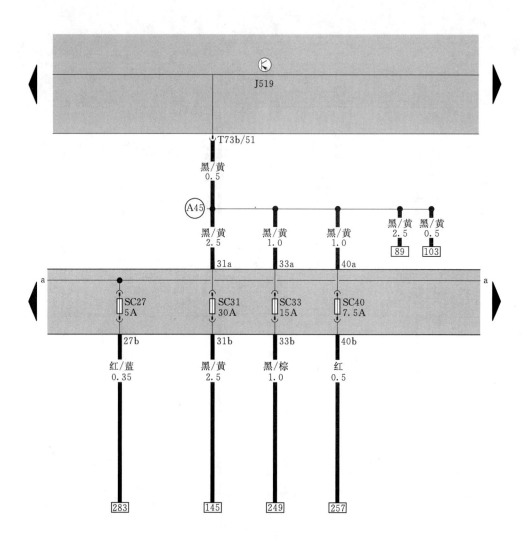

图2.26 基本配置电路（5）

J519—BCM车身控制器，在仪表板左侧下方；SC27—保险丝27，5A，自诊断接口保险丝，在仪表板左侧保险丝支架上；SC31—保险丝31，30A，车灯开关保险丝，在仪表板左侧保险丝支架上；SC33—保险丝33，15A，点烟器保险丝，在仪表板左侧保险丝支架上；SC40—保险丝40，7.5A，车窗玻璃刮水器间歇运行调节器保险丝，在仪表板左侧保险丝支架上；T73b—73针插头，白色，BCM车身控制器插头，在BCM车身控制器B号位；Ⓜ—连接线，在仪表板线束内

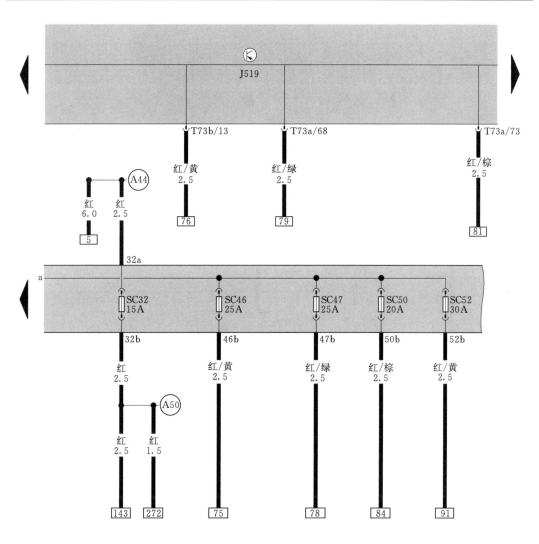

图 2.27 基本配置电路（6）

J519—BCM 车身控制器，在仪表板左侧下方；SC32—保险丝 32，15A，车灯开关、手动防眩目功能和远光灯瞬时
接通功能开关保险丝，在仪表板左侧保险丝支架上；SC46—保险丝 46，25A，BCM 车身控制器保险丝，在仪表板
左侧保险丝支架上；SC47—保险丝 47，25A，BCM 车身控制器保险丝，在仪表板左侧保险丝支架上；
SC50—保险丝 50，20A，BCM 车身控制器保险丝，在仪表板左侧保险丝支架上；SC52—保险丝 52，
30A，点火启动开关保险丝，在仪表板左侧保险丝支架上；T73a—73 针插头，黑色，BCM 车身控
制器插头，在 BCM 车身控制器 A 号位；T73b—73 针插头，白色，BCM 车身控制器插头，
在 BCM 车身控制器 B 号位；Ⓐ—正极连接线（30），在仪表板线束内；
Ⓐ—连接线，在仪表板线束内

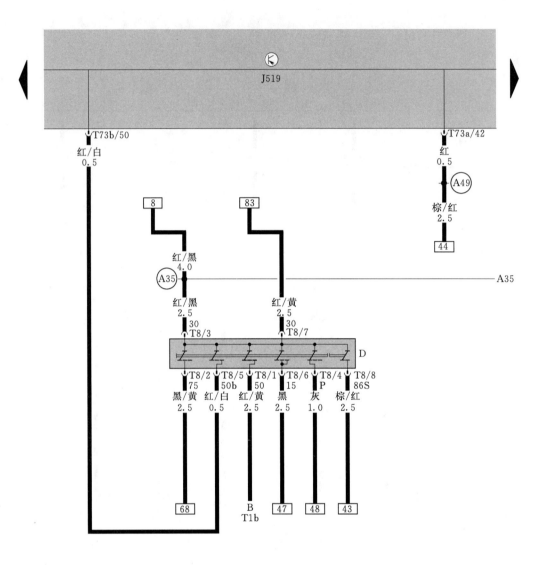

图 2.28　基本配置电路（7）

B—启动马达，在发动机舱左侧前方；D—点火启动开关；J519—BCM 车身控制器，在仪表板左侧下方；T1b—1
针插头，黑色，启动马达插头；T8—8 针插头，黑色，点火启动开关插头；T73a—73 针插头，黑色，BCM 车身
控制器插头，在 BCM 车身控制器 A 号位；T73b—73 针插头，白色，BCM 车身控制器插头，在 BCM 车身
控制器 B 号位；㊹—正极连接线（30），在仪表板线束内；㉟—连接线，在仪表板线束内；
＊—用于配有手动变速箱的轿车

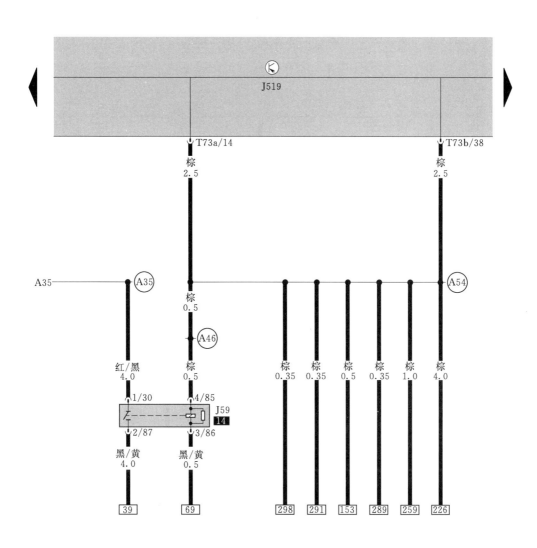

图 2.29　基本配置电路（8）

J59—X 触点卸载继电器，在仪表板左侧下方继电器支架上 14 号位（100 继电器）；J519—BCM 车身控制器，在仪表板左侧下方；T73a—73 针插头，黑色，BCM 车身控制器插头，在 BCM 车身控制器 A 号位；T73b—73 针插头，白色，BCM 车身控制器插头，在 BCM 车身控制器 B 号位；Ⓐ—正极连接线，在仪表板线束内；Ⓜ—接地连接线（31），在仪表板线束内；Ⓐ—接地连接线（31），在仪表板线束内

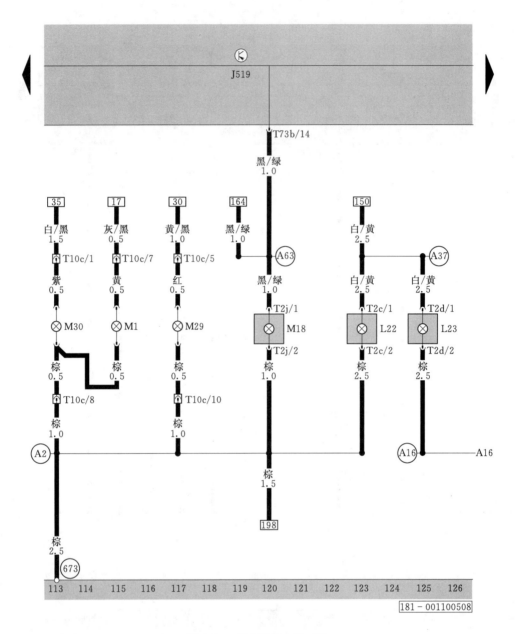

图 2.30　基本配置电路（9）

J519—BCM 车身控制器，在仪表板左侧下方；L22—左侧前雾灯灯泡，在前保险杠左侧；L23—右侧前雾灯灯泡，在前保险杠右侧；M1—左侧停车灯灯泡，在左前大灯内；M18—左侧侧面转向信号灯灯泡，在左前大灯内；M29—左侧近光灯灯泡，在左前大灯内；M30—左侧远光灯灯泡，在左前大灯内；T2c—2 针插头，黑色，左侧前雾灯灯泡插头；T2d—2 针插头，黑色，右侧前雾灯灯泡插头；T2j—2 针插头，黑色，左侧侧面转向信号灯灯泡插头；T10c—10 针插头，黑色，左前大灯插头；T73b—73 针插头，白色，BCM 车身控制器插头，在 BCM 车身控制器 B 号位；㉓—接地点，在左纵梁前部左侧；㊱—接地连接线，在仪表板线束内；㉖—接地连接线，在仪表板线束内；㊲—连接线，在仪表板线束内；㉖—连接线，在仪表板线束内

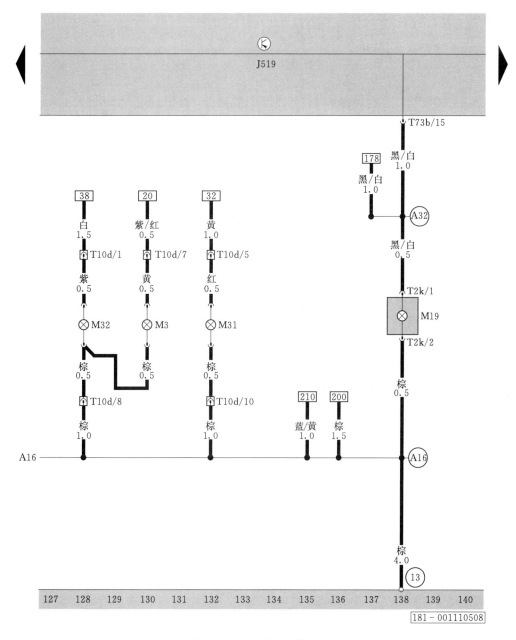

图 2.31　基本配置电路（10）

J519—BCM 车身控制器，在仪表板左侧下方；M3—右侧停车灯灯泡，在右前大灯内；M19—右侧侧面转向信号灯灯泡，在右前大灯内；M31—右侧近光灯灯泡，在右前大灯内；M32—右侧远光灯灯泡，在右前大灯内；T2k—2 针插头，黑色，右侧侧面转向信号灯灯泡插头；T10d—10 针插头，黑色，右前大灯插头；T73b—73 针插头，白色，BCM 车身控制器插头，在 BCM 车身控制器 B 号位；⑬—接地点，在右前纵梁前部；

⑯—接地连接线，在仪表板线束内；㉜—连接线，在仪表板线束内

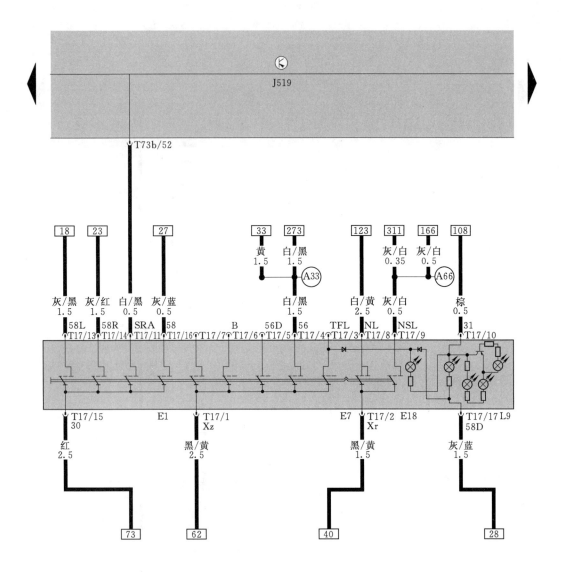

图 2.32　基本配置电路 (11)

E1—车灯开关，在仪表板左侧；E7—前雾灯开关，在仪表板左侧；E18—后雾灯开关，在仪表板左侧；J519—BCM
车身控制器，在仪表板左侧下方；L9—车灯开关照明灯泡；T17—17 针插头，黑色，车灯开关插头；T73b—73
针插头，白色，BCM 车身控制器插头，在 BCM 车身控制器 B 号位；A33—连接线，在仪表板线束内；
A66—连接线，在仪表板线束内

（9）BCM 车身控制器、左侧尾灯灯泡、左后转向信号灯灯泡、左侧刹车灯和尾灯灯泡、后雾灯灯泡电路（图 2.33）。

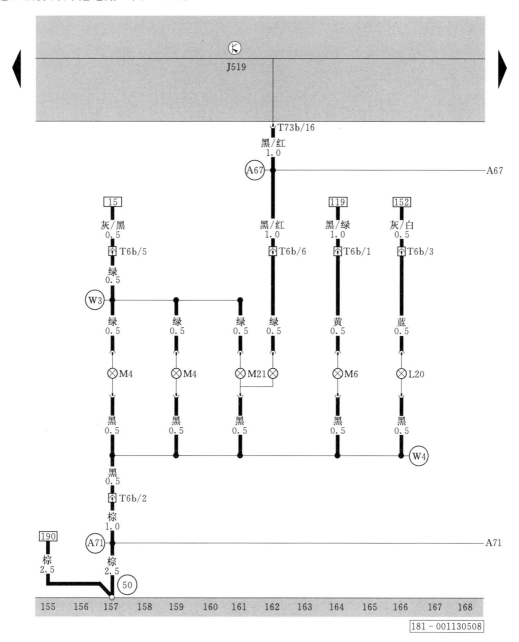

图 2.33　基本配置电路（12）

J519—BCM 车身控制器，在仪表板左侧下方；M4—左侧尾灯灯泡，在左侧尾灯内；M6—左后转向信号灯灯泡，在左侧尾灯内；M21—左侧刹车灯和尾灯灯泡，在左侧尾灯内；L20—后雾灯灯泡，在左侧尾灯内；T6b—6 针插头，黑色，左尾灯插头；T73b—73 针插头，白色，BCM 车身控制器插头，在 BCM 车身控制器 B 号位；㊿—接地点，在行李箱左侧车轮罩上方；Ⓐ⑥—连接线，在仪表板线束内；Ⓐ⑦—接地连接线，在仪表板线束内；Ⓦ③—连接线，在尾灯线束内；Ⓦ④—接地连接线，在尾灯线束内

（10）右侧尾灯灯泡、右后转向信号灯灯泡、右侧倒车灯灯泡、右侧刹车灯和尾灯灯泡电路（图 2.34）。

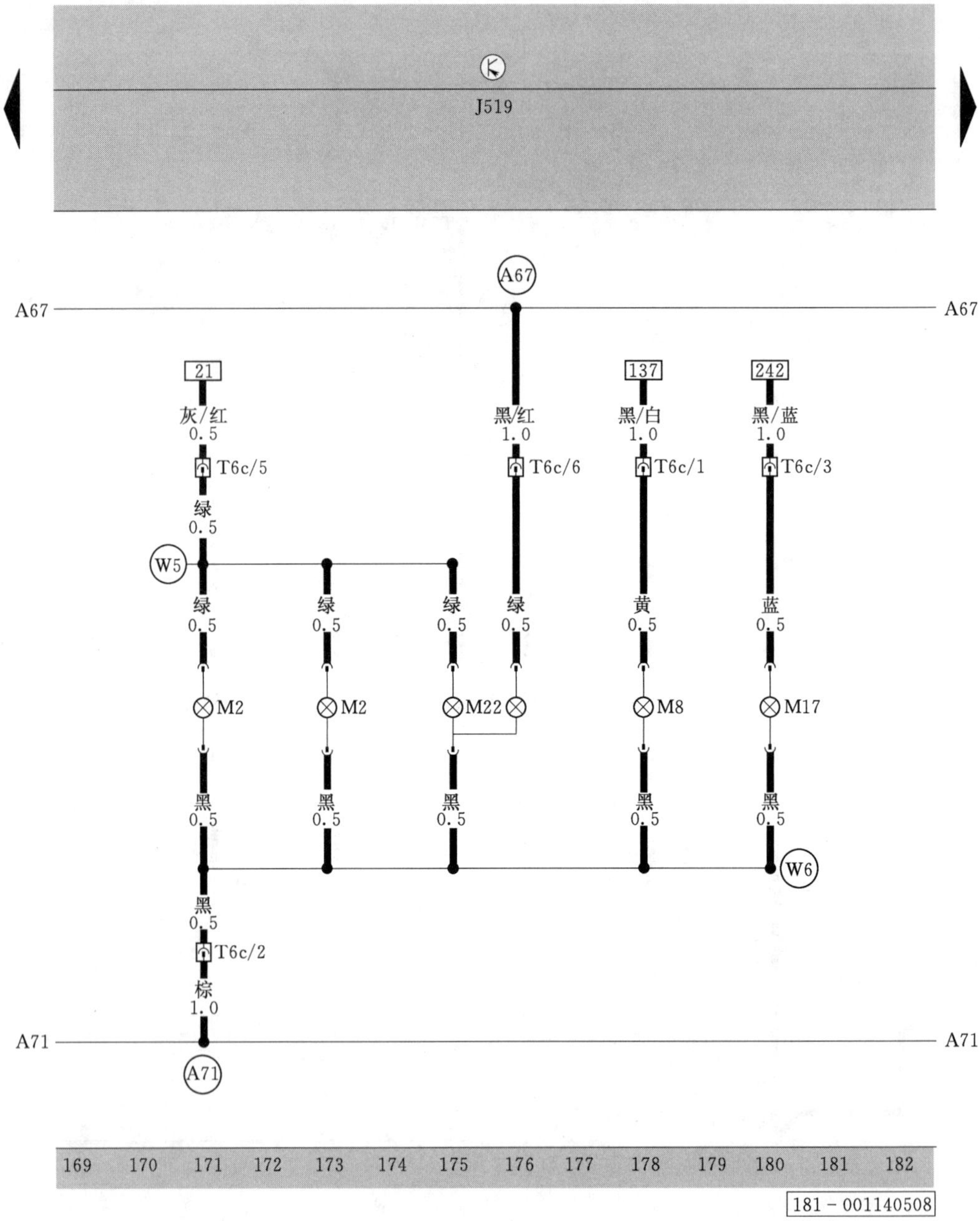

图 2.34　基本配置电路（13）

J519—BCM 车身控制器，在仪表板左侧下方；M2—右侧尾灯灯泡，在右侧尾灯内；M8—右后转向信号灯灯泡，在右侧尾灯内；M17—右侧倒车灯灯泡，在右侧尾灯内；M22—右侧刹车灯和尾灯灯泡，在右侧尾灯内；T6c—6 针插头，黑色，右尾灯插头；Ⓐ67—连接线，在仪表板线束内；Ⓐ71—接地连接线，在仪表板线束内；Ⓦ5—连接线，在尾灯线束内；Ⓦ6—接地连接线，在尾灯线束内

（11）BCM 车身控制器、高位刹车灯灯泡、后行李箱盖中央门锁马达、牌照灯、可加热后窗玻璃、安全气囊螺旋弹簧滑环的复位环、信号喇叭控制电路（图 2.35）。

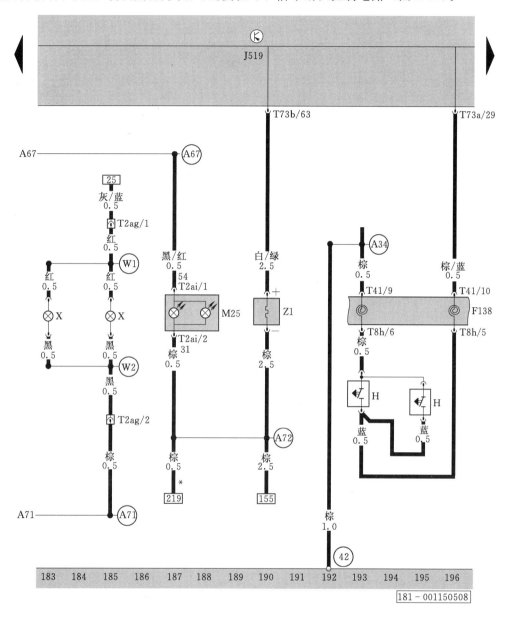

图 2.35　基本配置电站（14）

F138—安全气囊螺旋弹簧/带滑环的复位环，在方向盘下面；H—信号喇叭控制，在方向盘中部；J519—BCM 车身控制器，在仪表板左侧下方；M25—高位刹车灯灯泡，在挡风玻璃中部下方；T2ag—2 插头，黑色，牌照灯插头；T2al—2 针插头，黑色，高位刹车灯灯泡插头；T8h—8 针插头，黄色，安全气囊螺旋弹簧/带滑环的复位环插头；T41—41 针插头，白色，组合开关插头；T73a—73 针插头，黑色，BCM 车身控制器插头，在 BCM 车身控制器 A 号位；T73b—73 针插头，白色，BCM 车身控制器插头，在 BCM 车身控制器 B 号位；X—牌照灯，在行李箱盖中间；Z1—可加热后窗玻璃；⑫—接地点，在转向柱上，点火开关旁边；⑭—接地连接线（31），在仪表板线束内；⑭—连接线，在仪表板线束内；⑭—接地连接线，在仪表板线束内；⑭—接地连接线，在仪表板线束内；⑭—连接线，在牌照灯线束内；⑭—连接线，在牌照灯线束内；＊—用于配有前后阅读灯的轿车

41

（12）BCM 车身控制器、车窗玻璃清洗泵、刮水器马达控制单元、车窗玻璃刮水器马达、高音喇叭、低音喇叭电路（图 2.36）。

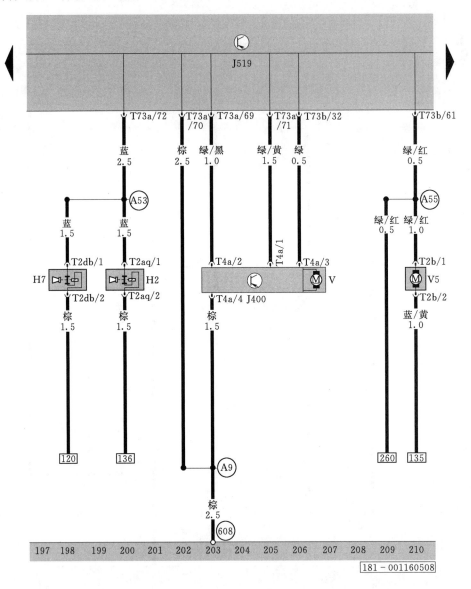

图 2.36　基本配置电路（15）

H2—高音喇叭，在右前纵梁前端；H7—低音喇叭，在左前纵梁前端；J400—刮水器马达控制单元，在排水槽左侧；J519—BCM 车身控制器，在仪表板左侧下方；T2b—2 针插头，黑色，车窗玻璃清洗泵插头；T2aq—2 针插头，黑色，高音喇叭插头；T2db—2 针插头，黑色，低音喇叭插头；T4a—4 针插头，黑色，刮水器马达控制单元插头；T73a—73 针插头，黑色，BCM 车身控制器插头，在 BCM 车身控制器 A 号位；T73b—73 针插头，白色，BCM 车身控制器插头，在 BCM 车身控制器 B 号位；V—车窗玻璃刮水器马达，在排水槽左侧；V5—车窗玻璃清洗泵，在右彰轮前方；⑥⑧—接地点，在排水槽中部；⑩—接地连接线，在仪表板线束内；⑤—连接线，在仪表板线束内；⑤—连接线，在仪表板线束内

（13）BCM 车身控制器、后行李箱盖接触开关、左侧行李箱照明灯、后部中间阅读灯电路（图 2.37）。

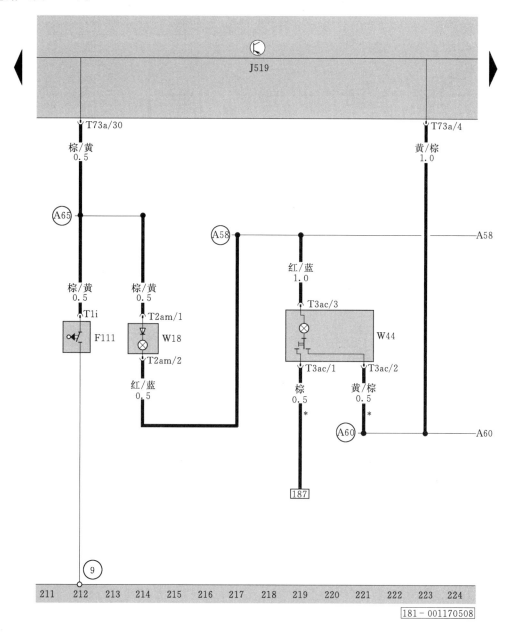

图 2.37　基本配置电路（16）

F111—后行李箱盖接触开关，在行李箱尾部左侧；J519—BCM 车身控制器，在仪表板左侧下方；T1i—1 针插头，黑色，后行李箱盖接触开关插头；T2am—2 针插头，黑色，左侧行李箱照明灯插头；T3ac—3 针插头，黑色，后部中间阅读灯插头；T73a—73 针插头，黑色，BCM 车身控制器插头，在 BCM 车身控制器 A 号位；W18—左侧行李箱照明灯，在行李箱左侧内饰板上；W44—后部中间阅读灯，在车顶内饰板后部中间；

⑨—接地点，自身接地；A58—连接线，在仪表板线束内；A60—连接线，在仪表板线束内；

A65—连接线，在仪表板线束内；＊—用于配有前后阅读灯的轿车

43

（14）BCM 车身控制器、前部车内照明灯、阅读灯电路（图 2.38）。

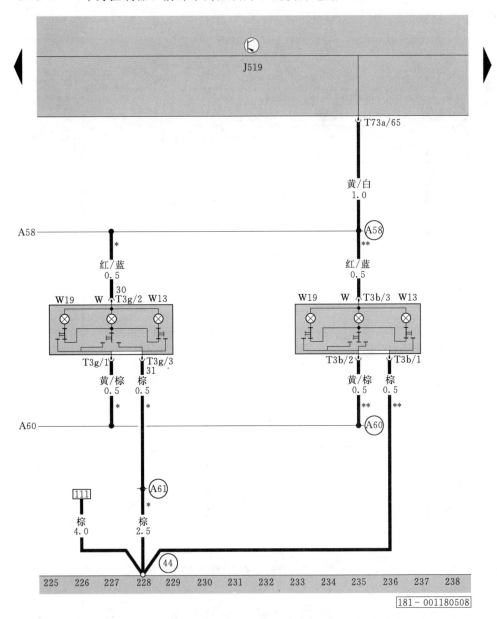

图 2.38 基本配置电路（17）

J519—BCM 车身控制器，在仪表板左侧下方；T3b—3 针插头，黑色，前部车内照明灯插头；T3g—3 针插头，
黑色，前部中间阅读灯插头；T73a—73 针插头，黑色，BCM 车身控制器插头，在 BCM 车身控制器 A 号位；
W—前部车内照明灯，在车顶内饰板前部中间；W13—副驾驶员侧阅读灯，在车顶内饰板前部中间；W19—
驾驶员侧阅读灯，在车顶内饰板前部中间；㉔—接地点，在左 A 柱下方；Ⓐ—连接线，在仪表板线束内；
Ⓜ—连接线，在仪表板线束内；Ⓜ—接地连接线，在仪表板线束内；﹡—用于配有前后阅读灯的轿车；
﹡﹡—用于配有前阅读灯的轿车

（15）BCM 车身控制器、闪烁报警灯开关、闪烁报警装置指示灯、插座、点烟器、插座照明灯灯泡、倒车灯开关电路（图 2.39）。

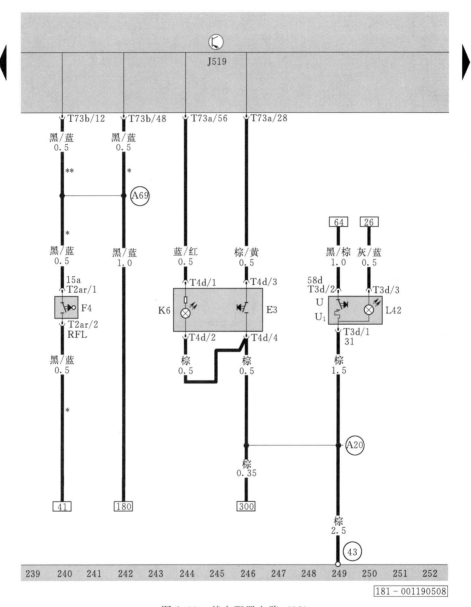

图 2.39　基本配置电路（18）

E3—闪烁报警灯开关，在仪表板中部中央出风口下方；F4—倒车灯开关，在变速箱前部；J519—BCM 车身控制器，在仪表板左侧下方；K6—闪烁报警装置指示灯，在仪表板中部中央出风口下方；L42—插座照明灯灯泡；T2ar—2 针插头，黑色，倒车灯开关插头；T3d—3 针插头，白色，点烟器插头；T4d—4 针插头，黑色，闪烁报警灯开关插头；T73a—73 针插头，黑色，BCM 车身控制器插头，在 BCM 车身控制器 A 号位；T73b—73 针插头，白色，BCM 车身控制器插头，在 BCM 车身控制器 B 号位；U—插座，在换挡杆前方；U1—点烟器，在换挡杆前方；㊸—接地点，在右 A 柱下方；Ⓐ20—接地连接线，在仪表板线束内；Ⓐ69—连接线，在仪表板线束内；＊—用于配有手动变速箱的轿车；

＊＊—用于配有自动变速箱的轿车

（16）BCM 车身控制器、多功能显示器存储开关、车窗玻璃刮水器间歇运行调节器、多功能显示器调用按钮、车窗玻璃清洗泵开关（清洗刮水自动装置）电路（图 2.40）。

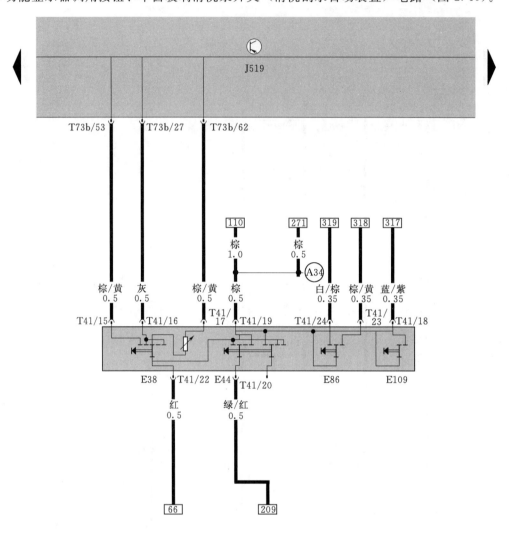

图 2.40 基本配置电路（19）

E38—车窗玻璃刮水器间歇运行调节器，在转向柱上组合开关内；E44—车窗玻璃清洗泵开关（清洗刮水自动装置）；E86—多功能显示器调用按钮，在转向柱上组合开关内；E109—多功能显示器存储开关，在转向柱上组合开关内；J519—BCM 车身控制器，在仪表板左侧下方；T41—41 针插头，白色，组合开关插头；T73b—73 针插头，白色，BCM 车身控制器插头，在 BCM 车身控制器 B 号位；⊕34—接地连接线，在仪表板线束内

46

（17）BCM 车身控制器、转向信号灯开关、手动防眩目功能和远光灯瞬时接能功能开关、驻车灯开关、油箱盖板联锁装置马达电路（图 2.41）。

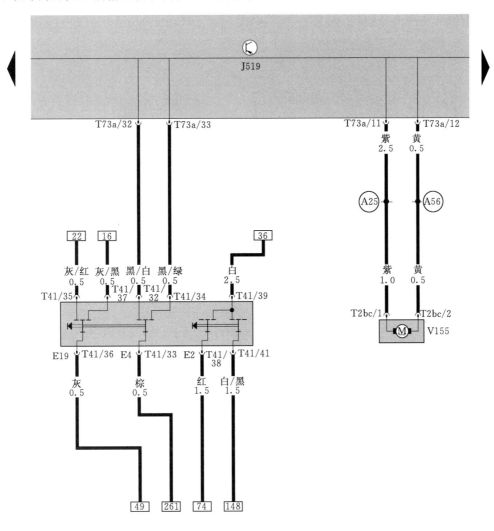

图 2.41　基本配置电路（20）

E2—转向信号灯开关，在转向柱上组合开关内；E4—手动防眩目功能和远光灯瞬时接通功能开关，在转向柱上组合开关内；E19—驻车灯开关，在转向柱上组合开关内；J519—BCM 车身控制器，在仪表板左侧下方；T2bc—2 针插头，黑色，油箱盖板联锁装置马达插头；T41—41 针插头，白色，组合开关插头；T73a—73 针插头，黑色，BCM 车身控制器插头，在 BCM 车身控制器 A 号位；V155—油箱盖板联锁装置马达，在行李箱右侧；Ⓐ25—连接线，在仪表板线束内；Ⓐ56—连接线，在仪表板线束内

（18）组合仪表中带显示单元的控制单元、防盗锁止系统识读线圈、手制动控制开关、制动液液位报警开关、防盗锁止系统控制单元、ABS指示灯、防盗锁止系统指示灯、制动系统指示灯电路（图2.42）。

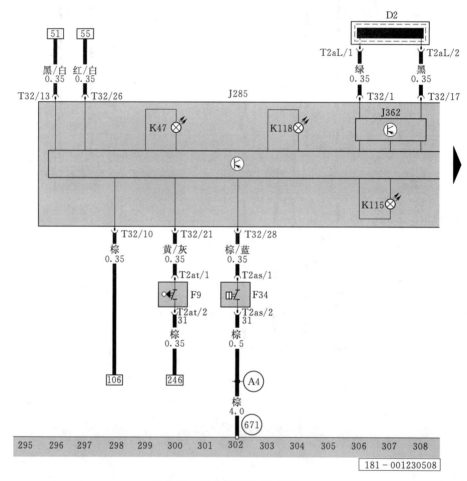

图2.42 基本配置电路（21）

D2—防盗锁止系统识读线圈，在点火开关上；F9—手制动控制开关，在手制动拉杆下方；F34—制动液液位报警开关，在发动机舱左侧制动液储液罐内；J285—组合仪表中带显示单元的控制单元，在仪表板左侧；J362—防盗锁止系统控制单元；J519—BCM车身控制器，在仪表板左侧下方；K47—ABS指示灯；K115—防盗锁止系统指示灯；K118—制动系统指示灯；T2aL—2针插头，黑色，防盗锁止系统识读线圈插头；T2as—2针插头，黑色，制动液液位报警开关插头；T2at—2针插头，黑色，手制动控制开关插头；

T32—32针插头，蓝色，组合仪表中带显示单元的控制单元插头；⑥—接地点，在左纵梁前部；

Ⓐ—接地连接线（31），在仪表板线束内

（19）组合仪表中带显示单元的控制单元、燃油储备显示、车外温度传感器、冷却液不足显示传感器、冷却液温度/冷却液不足显示指示灯电路（图 2.43）。

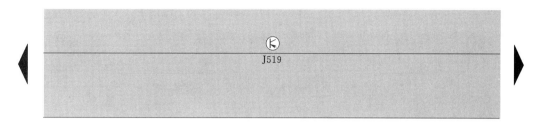

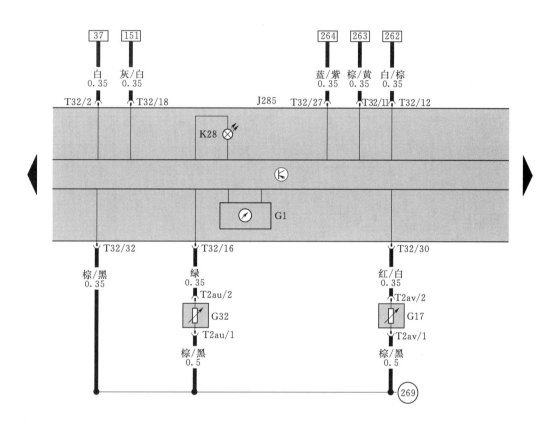

图 2.43 基本配置电路（22）

G1—燃油储备显示；G17—车外温度传感器，在前保险杠左侧；G32—冷却液不足显示传感器，在冷却液膨胀罐内；
J285—组合仪表中带显示单元的控制单元，在仪表板左侧；J519—BCM 车身控制器，在仪表板左侧下方；K28—冷
却液温度/冷却液不足显示指示灯；T2au—2 针插头，黑色，冷却液不足显示传感器插头；T2av—2 针插头，
黑色，车外温度传感器插头；T32—32 针插头，蓝色，组合仪表中带显示单元的控制单元插头；
㉖—接地连接线（31），在仪表板线束内

（20）组合仪表中带显示单元的控制单元、转速表、车速表、发电机指示灯、油压指示灯、排气警示灯、电控节气门故障信号灯、组合仪表照明灯泡、数字钟、里程表电路（图 2.44）。

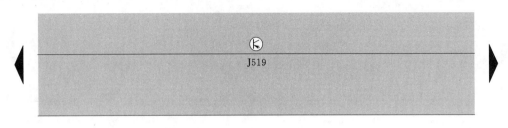

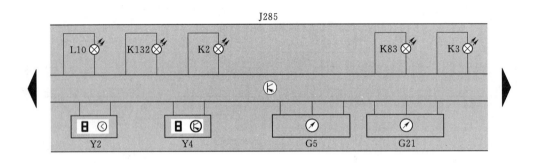

| 323 | 324 | 325 | 326 | 327 | 328 | 329 | 330 | 331 | 332 | 333 | 334 | 335 | 336 |

181- 001250508

图 2.44　基本配置电路（23）

G5—转速表；G21—车速表；J285—组合仪表中带显示单元的控制单元，在仪表板左侧；J519—BCM 车身控制器，在仪表板左侧下方；K2—发电机指示灯；K3—油压指示灯；K83—排气警示灯；K132—电控节气门故障信号灯；L10—组合仪表照明灯泡；Y2—数字钟；Y4—里程表

（21）组合仪表中带显示单元的控制单元、远光灯指示灯、后雾灯指示灯、油位指示灯、转向信号灯指示灯、安全气囊指示灯、燃油存量指示灯、稳定程序指示灯、ASR、换挡杆锁指示灯、选挡杆位置显示屏、轮胎压力监控显示指示灯电路（图 2.45）。

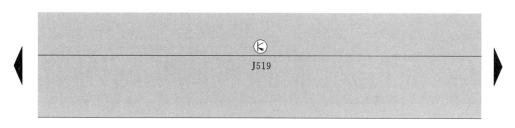

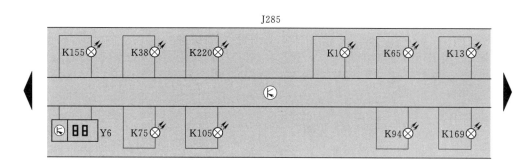

| 337 | 338 | 339 | 340 | 341 | 342 | 343 | 344 | 345 | 346 | 347 | 348 | 349 | 350 |

181-001260508

图 2.45 基本配置电路（24）

J285—组合仪表中带显示单元的控制单元，在仪表板左侧；J519—BCM 车身控制器，在仪表板左侧下方；K1—远光灯指示灯；K13—后雾灯指示灯；K38—油位指示灯；K65—左侧转向信号灯指示灯；K75—安全气囊指示灯；K94—右侧转向信号灯指示灯；K105—燃油存量指示灯；K155—稳定程序指示灯，ASR；K169—换挡杆锁指示灯；K220—轮胎压力监控显示指示灯；Y6—选挡杆位置显示屏

（22）组合仪表中带显示单元的控制单元、多功能显示器、安全带报警系统指示灯、车门打开指示灯、灯泡故障指示灯、后行李箱盖打开指示灯电路（图2.46）。

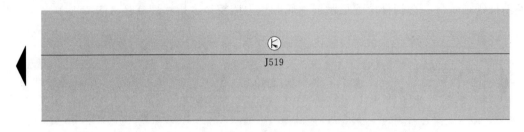

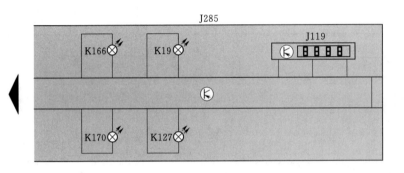

| 351 | 352 | 353 | 354 | 355 | 356 | 357 | 358 | 359 | 360 | 361 | 362 | 363 | 364 |

181－001270508

图2.46　基本配置电路（25）

J119—多功能显示器；J285—组合仪表中带显示单元的控制单元，在仪表板左侧；J519—BCM车身控制器，在仪表板左侧下方；K19—安全带报警系统指示灯；K127—后行李箱盖打开指示灯；K166—车门打开指示灯；
K170—灯泡故障指示灯

【实操任务单】

<table>
<tr><td colspan="3" style="text-align:center">整车电气系统认知作业工单</td></tr>
<tr><td colspan="3">班级：_____ 组别：_____ 姓名：_____ 指导教师：_____</td></tr>
<tr><td>整车型号</td><td colspan="2"></td></tr>
<tr><td>车辆识别代码</td><td colspan="2"></td></tr>
<tr><td>发动机型号</td><td colspan="2"></td></tr>
<tr><td style="text-align:center">任务</td><td style="text-align:center">作业记录内容</td><td style="text-align:center">备注</td></tr>
<tr><td>一、前期准备</td><td>正确组装三件套（方向盘套、座椅套、换挡手柄套）、翼子板布和前格栅布。□
工位卫生清理干净。□</td><td>环车检查车身状况</td></tr>
<tr><td>二、熟悉电路系统中继电器和保险</td><td>1. 观察机舱和驾驶室内部，熟悉各继电器位置和名称。□
2. 在驾驶室内部找到主保险盒，熟悉各保险名称和容量。□
3. 在机舱内找到蓄电池支架保险装置，熟悉各保险名称和容量。□</td><td></td></tr>
<tr><td>三、整车电气线路识读与分析</td><td>1. 结合维修手册，识读与分析蓄电池充放电路、发电机电路。□
2. 识读与分析保险丝电路。□
3. 识读与分析 BCM 车身控制电路。□
4. 识读与分析启动控制电路。□
5. 识读与分析车身外部灯光控制电路。□
6. 识读与分析雨刮器、车窗玻璃升降器、电喇叭控制电路。□
7. 识读与分析车内照明与阅读灯控制电路。□
8. 识读与分析故障警示灯、仪表信号灯控制电路。□</td><td></td></tr>
<tr><td>五、竣工检查</td><td>汽车整体检查（复检）。□
整个过程按 6S 管理要求实施。□</td><td></td></tr>
</table>

思 考 题

汽车整车电路识读技巧有哪些？

电　源　系　统

【项目引入】

老师要求小白同学把一辆朗逸教具车挪到另一个工位。要启动车辆，把点火钥匙打到启动挡，汽车却启动不了，到底是什么原因？经过检测，原来是这辆小车的电源系统出了故障，更换蓄电池后正常启动。本项目主要学习汽车的电源系统。

任务 3.1　电源系统的基础知识

【学习目标】

知识目标：

（1）了解汽车蓄电池的作用、种类。

（2）了解汽车蓄电池的结构及型号。

（3）了解汽车发电机的作用、结构及种类。

（4）了解汽车发电机工作原理。

能力目标：

（1）能够在实车上找到蓄电池的位置。

（2）能对蓄电池作外观检查。

（3）能够在实车上找到发电机的位置。

（4）能对发电机的充电电压进行检测。

（5）掌握安全操作规程和操作规范。

【相关知识】

3.1.1　电源系统概述

汽车电气设备所使用的电源是直流电源，它来自车上的蓄电池或发电机。由蓄电池、发电机、调节器及充电状态指示装置、开关和导线等连接而成的电气系统称为电源系统，如图 3.1 所示。

电源系统的工作原理如图 3.2 所示。电源系统内蓄电池和发电机是并联工作的，在发动机正常工作时，由发电机向用电设备供电并向蓄电池充电；启动时，蓄电池向启动机供电。由于发电机是由发动机通过传动带驱动旋转的，当发动机转速变化时，发电机输出电压也会变化。

目前，汽车上的电源系统可分为 12V 电源和 24V 电源，而且普遍采用交流发电机与电子调节器。按电子调节器的安装方式不同，电源系统的布置形式可分为分离式和整体式两种。

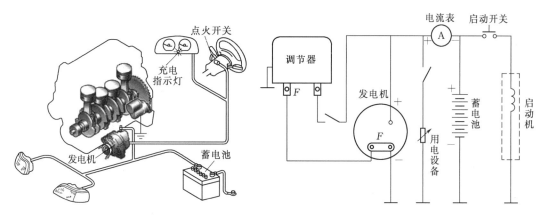

图 3.1　电源系统的组成　　　　　　图 3.2　电源系统的工作原理

近年来，随着人们对汽车乘坐舒适性、燃油经济性、排放环保性要求的日益提高，新的电气装置在汽车上广泛应用，汽车电子附件所占的比例大幅度提高，如各种电控系统（电控喷射、电控自动变速器、电控悬架）、巡航控制、车载计算机网络等；一些电磁或电动执行器也逐渐取代了液压传动和气压传动执行器，从而大大增加了电气系统的负荷，这就要求汽车的电源系统能提供更高的电能，比如目前汽车市场上已开发出了一种 42V 的电源供电系统。

3.1.2　蓄电池

1. 蓄电池的定义

汽车蓄电池（俗称电瓶）是一种将化学能转化为电能的装置，是可逆的直流电源。一旦连接上外部负载或接通充电电路，即开始它的能量转换过程。在放电过程中，蓄电池的化学能转变成电能；在充电过程中，电能转变成化学能。

蓄电池分为碱性蓄电池和酸性蓄电池两大类，目前乘用车上广泛采用启动性能好的酸性蓄电池。酸性蓄电池主要有两种，即可维护蓄电池和免维护蓄电池，如图 3.3 和图 3.4 所示。

图 3.3　可维护蓄电池

图 3.4　免维护蓄电池

2. 蓄电池的作用

如图 3.5 所示蓄电池在车中的位置。蓄电池作为汽车上的辅助电源，它的作用主要有以下几个方面。

图 3.5　蓄电池在车中的位置

（1）发动机启动时，给启动机、点火系统和电子燃油喷射系统供电，其启动电流可达 200～800A。

（2）当发电机不发电或电压较低时，向交流发电机励磁绕组、点火系统以及其他用电设备供电。

（3）发电机过载时，蓄电池协助发电机供电。

（4）当发动机处于中高速运转时，将发电机剩余电能转化成化学能储存起来，即充电。

（5）蓄电池充当一个大电容器，吸收电路中的瞬时过电压，保护汽车上的电子设备。

3．蓄电池的结构

普通型铅蓄电池一般由三个或六个单格电池串联而成，每个单格的电压约为 2V，其结构如图 3.6 所示。

极板是蓄电池的核心部分，它分为正极板和负极板，如图 3.7 所示；蓄电池充满电后正极板上的活性物质是二氧化铅（PbO_2），呈深棕色，负极板上的活性物质是纯铅（Pb），呈青色。电解液由纯硫酸与蒸馏水按一定比例配制而成。隔板安装在正负极板之间，其作用是使正负极板尽量靠近而又不至于接触短路，以缩小蓄电池的体积。

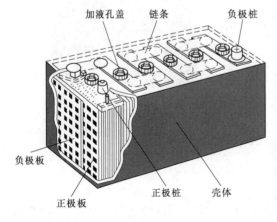

图 3.6　蓄电池的结构

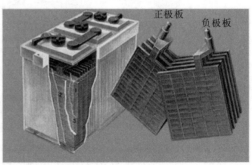

图 3.7　蓄电池极板

4. 蓄电池的型号

蓄电池的型号按 JB 2599—1985《铅蓄电池产品型号编制方法》标准规定，国产蓄电池的型号一般分为 3 段 5 部分。

第一部分表示串联的单格数，用阿拉伯数字表示，其额定电压为这个数字的 2 倍。比如：3 表示 3 个单格，额定电压 6V；6 表示 6 个单格，额定电压 12V。

第二部分表示蓄电池的类型和特征，用 2 个汉语拼音字母表示。如第一个字母是 Q 表示启动用铅蓄电池，M 表示摩托车用。第二个字母为蓄电池的特征代号，比如：A 表示干荷电式；W 表示免维护式；H 表示湿荷电式；M 表示密封式；S 表示少维护；J 表示胶体电解质。无字母则表示为普通式铅蓄电池。

第三部分表示蓄电池额定容量和特殊性能，蓄电池的容量单位为 A·h，用数字表示，特殊性能用字母表示：G 表示高启动率；S 表示塑料槽；D 表示低温启动性能好。

例如，图 3.8（a）所示的蓄电池型号为 6 - QA - 70A，表示该蓄电池由 6 个电池组成，额定电压为 12V，启动用干荷电式铅酸电池，额定容量为 70A·h，A 表示为原产品的第一次改进；图 3.8（b）所示的蓄电池型号为 6 - QW - 120D，表示该蓄电池由 6 个电池组成，额定电压为 12V，启动用免维护铅酸电池，额定容量为 120A·h，D 表示低温启动性能好。

(a) 6 - QA - 70A　　　　　　　　　　(b) 6 - QW - 120D

图 3.8　蓄电池型号

3.1.3　交流发电机

汽车发电机是汽车装配的必需品，是汽车电系的主要电源。它是在汽车发动机的驱动下，将机械能转变为电能的装置。其作用是当发动机在怠速以上转速运转时，为电气设备供电，给蓄电池充电，如图 3.9 所示。

1. 交流发电机的分类与型号

交流发电机的种类繁多，具体结构和原理不尽相同，按总体结构和工作原理可分为以下几种。

（1）普通交流发电机（外装电压调节器式），如图 3.10（a）所示，无特殊装置、无特殊功能的汽车交流发电机，称为普通交流发电机。外装电压调节器式交流发电机在载货汽车和大型客车上应用较普遍。

（2）整体式交流发电机（内装电压调节器式），如图 3.10（b）所示，内装电压调节

图 3.9　汽车交流发电机

器式交流发电机多用于轿车，如一汽奥迪、上海桑塔纳等轿车用 JFZl8132 型交流发电机。

（3）无刷交流发电机，如图 3.10（c）所示，即没有电刷和滑环结构的交流发电机，如 JFWl4X 型交流发电机。

（4）带泵交流发电机，即带真空制动助力泵的交流发电机，如 JFB1712 型交流发电机。带泵交流发电机多用于柴油车。

（5）永磁交流发电机，即转子磁极采用永磁材料的交流发电机。

（a）普通交流发电机　　　（b）整体式交流发电机　　　（c）无刷交流发电机

图 3.10　交流发电机的分类

根据 QC/T 73—1993《汽车电气设备产品型号编制方法》的规定，国产汽车交流发电机型号由产品代号、电压等级代号、电流等级代号、设计序号、变形代号五部分组成，如图 3.11 所示。

（1）产品代号，用英文字母表示，例如，JF 表示普通交流发电机；JFZ 表示整体式交流发电机；JFB 表示带泵交流发电机；JFW 表示无刷交流发电机。其中，J 表示"交"，F 表示"发"，Z 表示"整"，B 表示"泵"，W 表示"无"。

（2）电压等级代号，用一位阿拉伯数字表示，各代号表示的电压等级见表 3.1。

（3）电流等级代号，用一位阿拉伯数字表示，各代号表示的电流等级见表 3.2。

（4）设计序号，按产品设计先后顺序，用阿拉伯数字表示，可能为两位数。

（5）变型代号，交流发电机以调整臂的位置作为变型代号，用字母表示。从驱动端看，Y 表示右边，Z 表示左边，无字母则表示在中间位置。

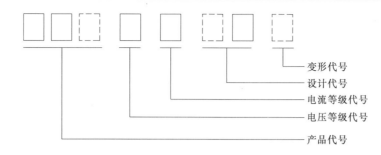

图 3.11　交流发电机型号

表 3.1　发电机电压等级代号

电压等级	1	2	3	4	5	6	7
电压/V	12	24	—	—	—	6	—

表 3.2　发电机电流等级代号

电流等级	1	2	3	4	5	6	7	8	9
电流/A	≤19	20～29	30～39	40～49	50～59	60～69	70～79	80～89	≥90

　　例如：桑塔纳、奥迪 100 型轿车用 JFZ1913Z 型交流发电机，表示该发电机是整体式交流发电机，电压等级为 12V，输出电流大于等于 90A，设计序号为 13，调整臂位于左边。

　　2. 交流发电机的结构

　　目前国内外生产的汽车用交流发电机多采用三相同步交流发电机，如图 3.12 所示，其基本结构都是由转子、定子、整流器和端盖四部分组成。

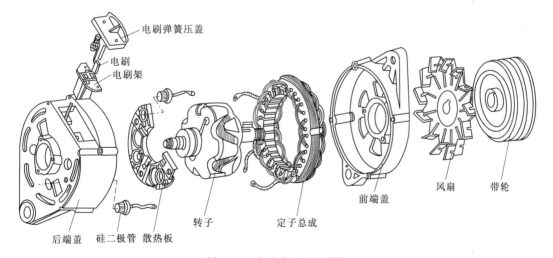

图 3.12　交流发电机的结构

　　（1）转子。作用是产生磁场，由转子轴、励磁绕组、爪形磁极、集电环等组成。

　　（2）定子。作用是产生感应交流电，由定子铁芯和三相定子绕组组成。

　　（3）整流器。作用是将三相定子绕组产生输出的交流电，通过三相桥式整流变成直流电输出。

（4）调节器。在发电机转速不断变化时，自动控制发动机电压，使其保持恒定，防止发电机电压过高而烧坏用电设备或防止电压过低而使用电设备工作失常。

（5）前后端盖、电刷总成及风扇。前、后端盖起固定转子、定子、整流器和电刷组件的作用，电刷的作用是将电源通过滑环引入转子的励磁绕组，风扇起散热作用。

3. 交流发电机的作用

（1）发电。用多槽皮带将发动机曲轴动力传输到发电机皮带轮，转动电磁化的转子，在定子线圈中产生交流电。

（2）整流。因定子线圈产生的交流电，不能用于汽车上的直流电气装置，这就需要整流器将交流电转化为直流电。

（3）调节电压。利用电压调节器调节发电机电压，使发电机在转速过高或负载发生变化时，也能保持电压稳定。

4. 发电机的工作原理

闭合导体在磁场中运动并切割磁力线后，在导体内会有电流产生，交流发电机正是利用了这一点，如图 3.13 所示为电磁感应现象。

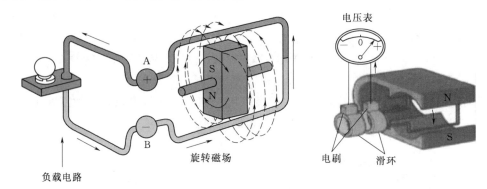

图 3.13　电磁感应现象

（1）发电机的发电原理。发动机工作时转子线圈中有电流通过，产生磁场，安装于转子轴上的两块爪极被磁化为 N 极和 S 极。转子旋转，磁极交替穿过定子铁芯，形成一个旋转磁场，它与固定的三相定子绕组之间产生相对运动，于是在三相定子绕组中便产生三相交流电流（电动势）。发电机产生的三相交流电流，经整流器后变为直流电流，然后向汽车用电设备供电，同时为蓄电池充电，如图 3.14 所示。

（2）发电机的整流原理。交流发电机是利用二极管的单向导电性把交流电转变为直流电的。普通交流发电机是利用 6 只二极管组成的三相桥式整流电路，把定子绕组中感应出来的交流电转变为直流电的。图 3.15 所示是以 6 管构成的三相桥式整流电路，其中 3 只正极管（VD_1、VD_3、VD_5）的负极连接在一起，在某一瞬间，正极电位最高的管子导通；而 3 只负极管（VD_2、VD_4、VD_6）的正极连接在一起，在某一瞬间，负极电位最低的管子导通。所以每个时刻有 2 个二极管同时导通，同时导通的 2 个管子总是将发电机的电压加在负载的两端。

当 $t=0$ 时，C 相电位最高，面是 B 相电位电低，所对应的二极管 VD_5、VD_4 均处于正向导通，在 $0 \sim t_1$ 时间内电流流向如图 3.15（a）所示。

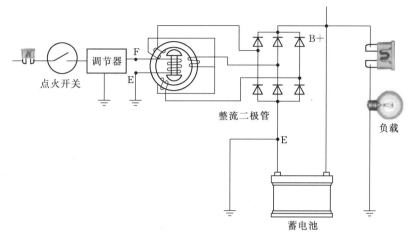

图 3.14　发电机的发电原理

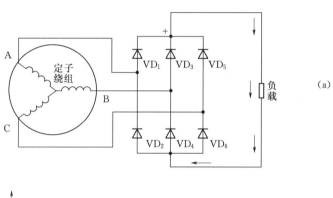

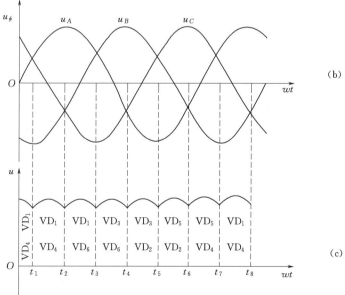

图 3.15　三相桥式整流电路

当 $t_1 \sim t_2$ 段时间内，A 相电位最高，面是 B 相电位电低，所对应的二极管 VD$_1$、VD$_4$ 均处于正向导通，该段时间内的电流流向如图 3.15（b）所示。

当 $t_2 \sim t_3$ 段时间内，A 相电位最高，面是 C 相电位电低，所对应的二极管 VD$_1$、VD$_6$ 均处于正向导通，该段时间内的电流流向如图 3.15（c）所示。

由此类推，周而复始，在负载上便可获得一个比较平稳的直流脉动电压，各时间段内的电路流向如图 3.16 所示。

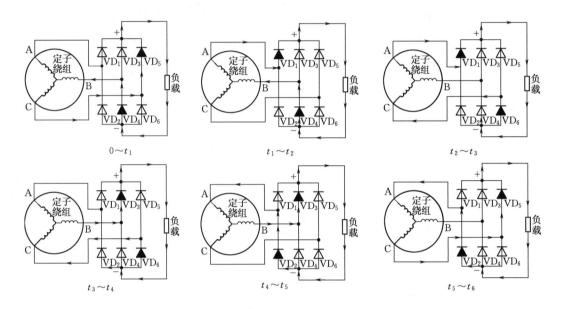

图 3.16　交流发电机整流过程

（3）电压调节原理。交流发电机电压调节器的调压原理是当发电机转速升高时，调节器通过减小发电机励磁电流来减小磁通，使发电机的输出电压保持不变，当发电机的转速降低时，调节器通过改变发电机的励磁绕组线圈磁场强弱，使发电机的输出电压保持不变。

（4）交流发电机的励磁方式。当硅二极管的正向电压小于其死区电压（约 0.6V）时，二极管呈现较大电阻而不能导通，加上硅整流发电机磁极尺寸小，保留的剩磁很弱，所以硅整流发电机在低速时，仅靠剩磁产生的电动势（小于 0.6V）不能使二极管导通，发电机也就不能自励（即励磁电流由发电机自己供给）发电。

硅整流发电机在低速时不能发电，因此不能及时供给蓄电池电流。为了克服这一缺点，在发电机低速运转、电压低于蓄电池电压时，采用它他励方式，由蓄电池提供励磁电流。此时，发电机具有较强的磁场，输出电压迅速提高，从而实现低速便可向蓄电池发电的要求。

图 3.17 所示为硅整流发电机的励磁电路。当点火开关 S 接通时，蓄电池通过调节器向发电机励磁绕组提供励磁电流，发电机他励发电，输出电压随发电机转速升高而升高。当发电机输出电压略高于蓄电池电压时，发电机向蓄电池充电，同时励磁电流由发电机自己提供，发电机由他励转为自励发电。

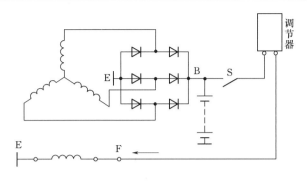

图 3.17　硅整流交流发电机的励磁电路

任务 3.2　蓄 电 池 的 充 电

【学习目标】

知识目标：

（1）了解蓄电池充电的安全规程和操作规范。

（2）了解汽车蓄电池的充电方法。

（3）了解蓄电池充电机的使用方法。

能力目标：

（1）能正确操作蓄电池充电机。

（2）能使用充电机对亏电蓄电池进行充电操作。

【相关知识】

蓄电池具有储存电能的作用。在正常情况下，蓄电池所消耗的电能，可以通过发电机得到补充。但如果一味消耗，又不及时补充，就会出现亏电的情况。

车辆遇到蓄电池亏电无法启动时，最简单实用的应急处理方法是用一个正常的蓄电池和故障车蓄电池相连，进行跨接启动，如图 3.18 所示。两蓄电池正极和正极，负极和负极相连。启动汽车后，中速运转 20min 后就可自行启动了。但要彻底解决问题，还需用充电机给蓄电池充电。

3.2.1　如何判定蓄电池需要充电

怎样才能知道蓄电池电能消耗殆尽，需要充电了呢？一般在以下几种情况下，可以判定蓄电池需要充电了。

（1）蓄电池使用时间很长，且出现发动机启动困难。

（2）车上用电设备使用较多，且发电机供电能力低。

（3）把车辆放一整夜，而忘记关闭用电设备。

（4）免维护蓄电池的指示器显示为需要充电状态，如图 3.19 所示。

也可通过测量确定电瓶是否需要充电，当 12V 蓄电池电压降到 10.5V，电解液密度降至 1.170g/mL，免维护蓄电池显示需要充电状态时，应停止使用，需对蓄电池进行充电。

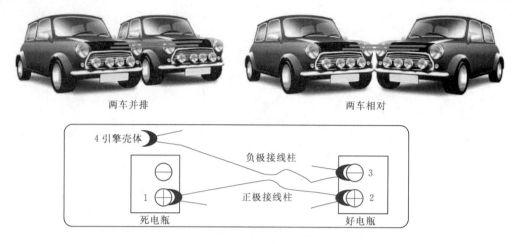

图 3.18 蓄电池跨接启动

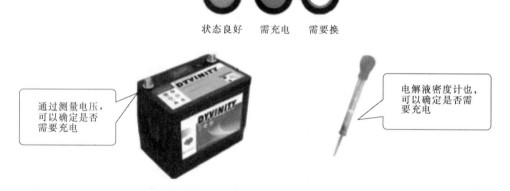

图 3.19 蓄电池状态检测

3.2.2 充电种类

当蓄电池放电后，用直流电源按与放电电流相反方向通过蓄电池，使它恢复工作能力。这个过程称为蓄电池充电。蓄电池充电时，电池正极与电源正极相连，电池负极与电源负极相连，充电电源电压必须高于电池的总电动势。

根据目的不同，蓄电池充电可分为初充电、补充充电、去硫化充电、间歇过充电和循环锻炼充电等。在日常中用得最多的是补充充电。

3.2.3 充电方法

当蓄电池电量不足时，要对蓄电池进行补充充电。蓄电池的常规充电方法是定电流充电法和定电压充电法，非常规充电方法是脉冲快速充电法。

（1）定电流充电法。蓄电池充电过程中，使其充电电流保持恒定不变，随着蓄电池电动势提高，逐步增加充电电压的方法称为定电流充电法。

（2）定电压充电法。充电过程中，加在蓄电池两端的电压保持恒定不变的充电方法，称为定电压充电法。因为在充电过程中充电机的输出电压不变，所以随着蓄电池的电动势的逐渐提高，充电电流将逐渐减小至 0A，说明蓄电池已经充满。采用这种充电方式，只要定下合适的充电电压，在充电过程中几乎不用维护，安全、可靠且方便。目前，维修企业使用的充电机，以及汽车上的发电机都是用这种充电方式。

3.2.4　充电设备

要想学会给蓄电池充电，首先得了解一下充电设备。蓄电池的充电设备有硅整流充电机和启动电源两种。

（1）硅整流充电机（图 3.20）。硅整流充电机是一种将交流电变换为直流电的充电设备，它在汽车运输部门、修理厂被广泛使用。硅整流充电机有操作简单、体积小、重量轻、维护方便、整流效率高、寿命长等优点。

（2）启动电源（图 3.21）。启动电源是一种既可以用于充电，也可作为启动电源来使用的设备。通过连接背面两组接线柱，可对不同的电压的蓄电池进行充电（12V 或 24V），在汽车蓄电池电压不足进，可作为启动电源启动发动机。它具有操作简单、输出电流大、充电效率高、寿命长等优点。

图 3.20　硅整流充电机

图 3.21　启动电源

认识了充电机，那要如何使用充电机呢？充电机输入电源是交流电，分为 220V 和 380V 两种，连接时要仔细阅读说明书，看好接线柱标识。220V 充电机接在交流电源一要零线和一根火线上；380V 充电机接在交流电源两根火线上。充电机输出电源为直流电，分为 12V 和 24V 两种，可能通过调节开关进行转换，分别给不同电压的蓄电池进行充电。充电机面板上有电流表、电压表、电流调节钮、电压调节钮、电源开关、电源指示灯等。

3.2.5　充电注意事项

（1）分清正、负极，蓄电池的正极连接充电机的正极，其负极连接充电机的负极，连接要牢固。

（2）有加液孔盖的，应打开所有孔盖，并调整电解液液面高度。

（3）先接线，后打开电源开关。

（4）注意蓄电池的降温。

（5）通风良好，防止明火。

【实操任务单】

<table>
<tr><td colspan="3" style="text-align:center">对蓄电池补充充电</td></tr>
<tr><td colspan="3">班级：_____ 组别：_____ 姓名：_____ 指导教师：_____</td></tr>
<tr><td colspan="3">整车型号</td></tr>
<tr><td colspan="3">车辆识别代码</td></tr>
<tr><td colspan="3">发动机型号</td></tr>
<tr><td>任务</td><td>作业记录内容</td><td>备注</td></tr>
<tr><td>一、前期准备</td><td>1. 检查充电机接线、开关及挡位是否处于初始位置。
2. 检查蓄电池外观及表面清洁。
3. 将蓄电池所有加液孔盖打开。
4. 检查蓄电池的电解液是否正常，不正常添加蒸馏水。
（注：免维护蓄电池不用做 3.、4.）</td><td></td></tr>
<tr><td>二、连接</td><td>1. 将充电机的输出电缆正、负极分别与蓄电池正、负极相连。
2. 将充电机的电源连接到 220V/380V 的交流电源上。</td><td></td></tr>
<tr><td>三、充电</td><td>1. 根据蓄电池的实际把充电机挡位打到合适位置。
2. 打开充电机电源开关。
3. 若在充电过程中蓄电池温度过高、冒出气泡过多，此时就调低充电电流。</td><td></td></tr>
<tr><td>四、充电完成</td><td>关闭充电机电源开关，取下蓄电池正负、极电缆及电源线。</td><td></td></tr>
<tr><td>五、竣工检查</td><td>1. 将工具与物品摆放归位。□
2. 汽车整体检查（复检）。□
3. 整个过程按 6S 管理要求实施。□</td><td></td></tr>
</table>

思 考 题

1. 对蓄电池充电有多少种方法？

2. 对蓄电池充电经过哪些步骤？

任务 3.3 蓄电池的检修与更换

【学习目标】

知识目标：

(1) 了解蓄电池的负荷检测方法。

(2) 了解蓄电池需更换的几种情况。

能力目标：

(1) 能够对测蓄电池进行负荷检测。

(2) 能够更换汽车蓄电池。

(3) 掌握更换汽车蓄电池的安全操作规程和操作规范。

【相关知识】

汽车蓄电池故障多发的季节是冬季，在特别寒冷的北方就更加明显：一方面，在冬季的室外温度较低，车辆停放在室外，导致蓄电池温度低，电解液黏度增加，离子运动速度慢；另一方面，低温下极板收缩使得极板表面的孔隙缩小，电解液向极板孔隙内层渗入困难，使得极板孔隙内的活性物质不能充分利用，使蓄电池放电容量下降。冬季用启动机启动汽车时，发动机处在冰冷状态，启动阻力矩大大增加，所需放电电流大。温度低使蓄电池容量大减小，这是冬季启动时总感到蓄电池电量不足的主要原因之一。

另外，如果蓄电池使用时间较长，或出现启动无力，就要适时地对蓄电池进行维护与检修，并根据检测结果选择维护或更换蓄电池。

3.3.1 蓄电池的负荷检测方法

负荷检测法常用来判断蓄电池是否需要更换。因为负荷检测可以确定蓄电池提供启动电流和维持足够点火系统工作电压的能力，蓄电池负荷检测时，要求被测蓄电池至少存电 75% 以上，若电解液密度低于 $1.22g/cm^3$，用万用表测得静态电动势不到 12.4V，应先充足电，再做检测。

蓄电池负荷检测通常使用高率放电计检测和蓄电池启动电压检测等来进行。

1. 使用高率放电计检测

高率放电计是模拟接入启动机的负荷，测量蓄电池在大电流放电时的端电压，可以比较准确地判断蓄电池的放电程度和启动能力。将高率放电计（图 3.22）的正、负放电针分别压在蓄电池的正、负极柱上，保持 15s，若电压保持在 9.6V 以上，说明性能良好，若稳定在 10.6～11.6V，说明存电充足，若电压迅速下降，电压值在 9.0V 以下，在进行试验之后，这个低电压值经过一个很长的时间间隔保持不变，说明蓄电池已经损坏。

2. 使用蓄电池检测仪检测

蓄电池检测仪（图 3.23）其实就是带有电池单体监测功能的蓄电池放电仪，它在放电试验的同时可以监测单体电压，实时显示电池已放容量，电池电流，内阻快测等功能。检测时把检测仪的红色线夹夹持在蓄电池的"＋"接线柱上，黑色线夹夹持在蓄电池的"－"接线柱上。检测时保证检测仪的线夹与蓄电池的接线柱夹持牢靠，否则，测试时会产生电火花，引起蓄电池爆炸。按下检测仪的按钮，2～3s后放松按钮，此时检测仪上的电压表显示出蓄电池的存电量状况。

图 3.22　高率放电计检测蓄电池　　　　　图 3.23　蓄电池检测仪

3. 蓄电池启动电压检测

在启动系统正常的情况下，以启动机作为试验负荷。打开中央继电器盒，拔下喷油器电源保险丝，将万用表置于直流电压 20V 挡，接在蓄电池正负极上，将点火开关转至"START"位置约 5s，读取万用表最低读数，对于 12V 蓄电池，应不低于 9.6V，否则说明蓄电池有故障。

3.3.2　蓄电池需更换的几种情况

当一个蓄电池出现启动困难时，一般通过以下几种情况来判定蓄电池是否需要更换。

（1）使用时间超过两年以上，或已超过厂家规定使用年限。

（2）经过反复充电后，仍不能恢复其正常使用性能。

（3）存在严重自放电现象，放一夜就无法启动。

（4）壳体破损，已有电解液渗漏现象。

（5）免维护蓄电池的指示器显示为需更换状态。

3.3.3　蓄电池的更换

1. 选用蓄电池时的注意事项

（1）电压必须和汽车电气系统的额定电压一致。

（2）容量必须满足汽车启动的要求。

（3）最好选用与原厂品牌、规格、容量相一致的产品。

（4）所选蓄电池极桩位置与原蓄电池极桩相一致，以免极桩位置相反使蓄电池线无法装上。

（5）现代汽车中大量地使用电子设备，其音响、防盗、导航、电话、天窗、车窗等在断开电源后需重新进行设定和输入密码。所以在断开蓄电池负极时应注意收集密码和设定方法，如果无法得到密码和设定方法，则需向车辆提供备用电源。

2. 蓄电池的更换步骤

（1）收集电子设备设定方法和防盗密码。

（2）把点火开关打到 OFF 挡。

（3）向电子设备提供备用电源。

（4）拆卸蓄电池负极。

（5）拆卸蓄电池正极。

（6）拆卸蓄电池固定，从车上拿下蓄电池。

（7）装上新的蓄电池卡箍，并紧固固定卡箍。

（8）分别安装蓄电池正极、负极（大众朗逸蓄电池附加接线柱的拧紧力矩为6N·m）。

（9）对电子设备进行设定和密码输入。

【实操任务单】

汽车蓄电池的更换		
班级：_____　组别：_____　姓名：_____　指导教师：_____		
整车型号		
车辆识别代码		
发动机型号		
任务	作业记录内容	备注
一、前期准备	正确组装三件套（方向盘套、座椅套、换挡手柄套）、翼子板布和前格栅布。☐ 工位卫生清理干净。☐	
二、具体操作步骤	1. 收集电子设备设定方法和防盗密码。 2. 把点火开关打到OFF挡。 3. 向电子设备提供备用电源。 4. 拆卸蓄电池负极。 5. 拆卸蓄电池正极。 6. 拆卸蓄电池固定卡箍，从车上拿下蓄电池。 7. 装上新的蓄电池，并紧固固定卡箍。 8. 安装蓄电池正极。 9. 安装蓄电池负极（大众朗逸蓄电池附加接线柱的拧紧力矩为6N·m）。 10. 测试新蓄电池静态电压____V，启动时，测试启动电压____V，着车后充电电压____V。 11. 对电子设备进行设定和密码输入。	
三、竣工检查	1. 将工具与物品摆放归位。☐ 2. 汽车整体检查（复检）。☐ 3. 整个过程按6S管理要求实施。☐	

思　考　题

1. 如何检测汽车蓄电池？

2. 怎样更换汽车蓄电池？

任务 3.4　交流发电机的检修与更换

【学习目标】

知识目标：

（1）了解汽车交流发电机的检修方法。

（2）了解汽车交流发电机的更换步骤。

能力目标：

（1）能够对交流发电机进行检测。

（2）能够更换汽车交流发电机。

（3）掌握更换汽车交流发电机的安全操作规程和操作规范。

【相关知识】

汽车交流发电机作为汽车电源系的重要组成部件，要保证其在汽车行驶过程中保持恒稳发电状态，并持久工作，必须使发电机内部的各个部件都处于最佳的工作状态。对发电机的保养可以延长发电机的使用寿命，还可以避免更换新的发电机，从而减少不必要的经济损失。一般来说，发电机有以下几种故障现象时需要保养：

（1）发电机运转时有噪声。

（2）发电机导线有松动。

（3）发电机驱动皮带过松。

（4）发电机不正常发电。

（5）蓄电池有过充电现象。

硅整流发电机每运转 750h（相当于 30000km）后，应拆开检查一次，主要检查电刷和轴承的状态。

3.4.1　发电机的外部检测

对发电机的检测首先应该是就车检测，并与维修手册上的相关技术信息进行比对，然后进行维修。

（1）检查驱动皮带。首先检查皮带的张力，这时可以用拇指强力地按压 2 个皮带轮中间的皮带。按压力约为 10kg，如果皮带的压下量在 10mm 左右，则认为皮带张力恰好，如图 3.24 所示。如果压下量过大，则认为皮带的张力不足。如果皮带几乎不出现压下量，则认为皮带的张力过大。张力不足时，皮带很容易出现打滑。张力过大时，很容易损伤各种辅机的轴承。为此，应该把相关的调整螺母或螺栓拧松，把皮带的张力调整到最佳的状态。

除此之外，还必须注意皮带的磨损情况。旧皮带磨损严重，使皮带和皮带轮的接触面积锐减。这时只要用力一压皮带，皮带就深深地下沉到皮带轮的槽内。皮带的橡胶还有一个老化问题，如果皮带橡胶严重老化，必须及时地更换新皮带。

（2）运转听噪声。启动发动机后检查发电机驱动皮带是否发出"吱吱"的噪声，如果有则更换驱动皮带；使用听诊器检查发电机内部的运转噪声，如图 3.25 所示。

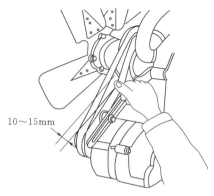

图 3.24　发电机皮带的检查

（3）输出电压测量。启动发动机，关闭车上所有用电器。如图 3.26 所示，测量 B+端子输出电压并提高发动机转速，直到输出电压约为 14.5V，并记下此时的发动机转速。如果此时超出 1200r/min，说明发电机输出电压低，需进行分解检测。

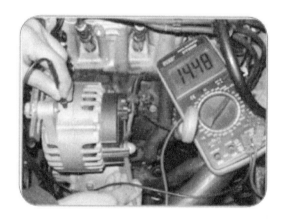

图 3.25　发电机的听诊检查　　　　图 3.26　发电机输出电压检测

发电机不发电或出现电压异常等故障时，应判断是外部条件故障还是发电机本身故障。外部条件是指发电机还没有发电建立起自励前先由蓄电池对发电机转子通电励磁，如果蓄电池到发电机的励磁线路有问题，发电机不能发电；如果该外部线路正常且在怠时皮带正常驱动发电机仍不能发电，大多是发电机本身故障，需更换发电机。

3.4.2　汽车交流发电机的更换

发电机是不可维修的部件，发电机存在故障，不发电或出现电压异常，要及时更换，不允许带故障运行。更换步骤如下（以大众朗逸轿车为例）：

（1）把点火开关打到 OFF 挡。

（2）拆卸蓄电池负极。

（3）标出楔形皮带转动方向，用 16mm 扳手按逆时针方向旋转张紧轮，再用一个4mm 六角扳手锁定张紧轮，拆下楔形皮带。

（4）断开与发电机连接的电缆，在断开插接器时，要确认锁止装置解除后才能拔下插

接器，禁止在线束端用外力拔下插接器。

（5）拆卸过渡轮，拆卸两条固定螺栓，向上取出发电机。

（6）安装相同型号规格的发电机，安装顺序与拆卸顺序完全相反（注：B＋导线的固定螺母旋紧力矩为15N·m）。

（7）对发电机的输出电压等进行检测，确保发电机的正常使用性能。

【实操任务单】

<table>
<tr><td colspan="3" align="center">汽车发电机的更换
班级：_____ 组别：_____ 姓名：_____ 指导教师：_____</td></tr>
<tr><td>整车型号</td><td colspan="2"></td></tr>
<tr><td>车辆识别代码</td><td colspan="2"></td></tr>
<tr><td>发动机型号</td><td colspan="2"></td></tr>
<tr><td>任务</td><td>作业记录内容</td><td>备注</td></tr>
<tr><td>一、前期准备</td><td>正确组装三件套（方向盘套、座椅套、换挡手柄套）、翼子板布和前格栅布。□
工位卫生清理干净。□</td><td></td></tr>
<tr><td>二、具体操作步骤</td><td>1. 把点火开关打到OFF挡。
2. 拆卸蓄电池负极。
3. 标出楔形皮带转动方向，用16mm扳手按逆时针方向旋转张紧轮，再用一个4mm六角扳手锁定张紧轮，拆下楔形皮带。
4. 断开与发电机连接的电缆，在断开插接器时，要确认锁止装置解除后才能拔下插接器，禁止在线束端用外力拔下插接器。
5. 拆卸过渡轮，拆卸两条固定螺栓，向上取出发电机。
6. 安装相同型号规格的发电机，安装顺序与拆卸顺序完全相反（注：B＋导线的固定螺母旋紧力矩为15N·m）。
7. 对发电机的输出电压等进行检测，确保发电机的正常使用性能。</td><td></td></tr>
<tr><td>三、竣工检查</td><td>1. 将工具与物品摆放归位。□
2. 汽车整体检查（复检）。□
3. 整个过程按6S管理要求实施。□</td><td></td></tr>
</table>

思 考 题

1. 如何判断发电机是否损坏？

2. 更换发电机经过哪些步骤？

任务 3.5　充电系统的检修

【学习目标】

知识目标：

（1）了解汽车充电系统的组成及主要部件之间的关系。

（2）了解汽车充电系统常见故障及检修方法。

能力目标：

（1）掌握汽车充电系统常见故障及检修方法。

（2）学会查阅汽车维修手册等资料，看懂大众朗逸充电系统的电路图。

（3）掌握安全操作规程和操作规范。

【相关知识】

3.5.1　汽车充电系统的组成

汽车充电系统由蓄电池、交流发电机及调节器、点火开关、充电指示灯（在仪表盘内）及线路组成，如图 3.27 所示。

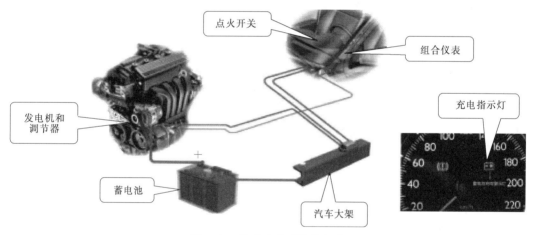

图 3.27　汽车充电系统的组成

在发动机启动前，将点火开关转至 ON 挡时，蓄电池电压加到交流发电机的端子"L"，进入发电机的励磁线圈搭铁，此时充电指示灯点亮，励磁线圈得到电流产生磁场，发电机的励磁方式是他励。

发动机运转（怠速及以上）后，交流发电机发电向全车电气设备供电（启动机除外），向蓄电池充电。蓄电池电压仍然加在充电指示灯上，同时，交流发电机通过端子"L"也供给指示灯电压，因充电指示灯两侧电压相等，指示灯熄灭；交流发电机用自身发的电给励磁线圈供电产生磁场，发电机的励磁方式是自励。如果发动机运转，而交流发电机未发电，充电系统指示灯通过交流发电机端子"L"、励磁线圈搭铁，此时，充电指示灯点亮，警告驾驶员电源系统不正常。

随着技术的发展，汽车采用了车载网络控制系统，发电机与其他部件之间联系可能采用数据总线的方式。大众朗逸充电系统电路图，如图 3.28 所示。

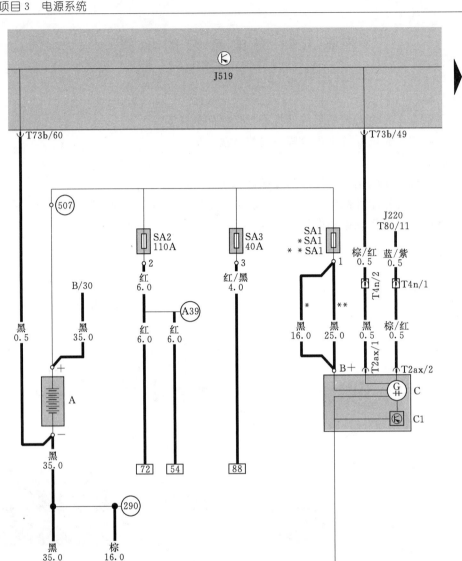

图 3.28 大众朗逸充电系统电路

A—蓄电池；B—启动马达，在发动机舱左侧前方；C—交流发电机，在发动机右侧前方；C1—电压调节器，在交流发电机内；J220—Motronic 发动机控制单元，在发动机舱内排水槽中间；J519—车载网络控制单元，在仪表板左侧下方；＊SA1—保险丝 1，150A，交流发电机保险丝，在蓄电池盖上保险丝支架上；＊＊SA1—保险丝 1，175A，交流发电机保险丝，在蓄电池盖上保险丝支架上；SA2—保险丝 2，110A，仪表板左侧保险丝盒内 30 号总线保险丝，在蓄电池盖上保险丝支架上；SA3—保险丝 3，40A，点火启动开关、X 触点卸载继电器、启动继电器保险丝，在蓄电池盖上保险丝支架上；T2ax—2 针插头，黑色，交流发电机插头；T4n—4 针插头，黑色，在发动机舱内左纵梁前部右侧；T73b—73 针插头，白色，车载网络控制单元插头。在车载网络控制单元 B 号位；T80—80 针插头，黑色，Motronic 发动机控制单元插头；①—接地点，蓄电池-车身，在左前纵梁上；⑨—接地点，自身接地；㉙⁰—连接线，在蓄电池线束内；㊿⁷—正极螺栓连接点（30），在蓄电池盖保险丝支架上；㊹②—接地点，在启动机固定螺栓上；Ⓐ³⁹—正极连接线（30），在仪表板线束内；＊—用于配有发动机标识字母 CDE 的轿车；＊＊—用于配有发动机标识字母 CEN 的轿车大众朗逸充电系统由蓄电池、发电机、车载网络控制单元，发动机控制单元，组合仪表控制单元（充电指示为）等组成。发电机内部装有电压调节器，与其相连的线有 3 条，其功能如下：

（1）电源输出，发电机发出的电通过 B＋端子、保险丝 SA1（150A）对蓄电池进行充电，并给全车电气设备（启动机除外）供电。

（2）充电指示，通过 Tax/1（L 线）与车载网络控制系统相连，当点火开关打开时，车载网线控制系统（J519）通过这条线向发电机提供他励电压（约 1V），并通过 CAN 线向组合仪表控制单元传递信号，点亮充电指示灯；启动后，发电机将 12V 电压通过 L 线反馈给车载网络控制系统，车载网络控制系统又通过 CAN 线将信号传递给组合仪表控制单元，充电指示灯熄灭，如果发动机运转时充电指示灯点亮，则表示充电系统出现故障。

（3）电压控制，通过 Tax/2 发动机控制单元（J220）相连，发电过程中，发动机控制单元通过这条线控制发电机的充电电压。

3.5.2　汽车充电系统的检修

汽车充电系统的常见故障有：充电指示灯不亮、充电指示灯常亮、不发电，发电电压过高、过低、电压不稳，发电机异响等。因发电机是不可维修部件，若充电系统异常，可从以下几方面检查：

（1）发电机皮带松紧度是否合适？是否打滑？

（2）发电机到蓄电池连线是否断路或阻值异常？

（3）发电机到车载网线控制系统（J519）的连线是否正常？

（4）发电机到发动机控制单元（J220）的连线是否正常？

若以上全部正常，则需更换发电机。

【实操任务单】

充电系统的检修		
班级：_____　组别：_____　姓名：_____　指导教师：_____		
整车型号		
车辆识别代码		
发动机型号		
任务	作业记录内容	备注
一、前期准备	正确组装三件套（方向盘套、座椅套、换挡手柄套）、翼子板布和前格栅布。□ 工位卫生清理干净。□	
二、具体操作步骤	1. 发电机皮带是否正常？如不正常则调整松紧度或更换。 2. 发电机到蓄电池连线阻值异常？若异常则检查保险丝 SW1 及连线。	

续表

二、具体操作步骤	3. 发电机到车载网线控制系统（J519）的连线是否正常？ 4. 发电机到发动机控制单元（J220）的连线是否正常？ 5. 以上正常，则更换发电机。	
三、竣工检查	1. 将工具与物品摆放归位。□ 2. 汽车整体检查（复检）。□ 3. 整个过程按 6S 管理要求实施。□	

思　考　题

1. 与大众朗逸充电系统中的发电机相连有多少条线？功能分别是什么？
2. 如何检修大众朗逸的充电系统？

启 动 系 统

【项目引入】

某老师的车为 2010 款起亚千里马，行驶里程为 40000km 左右。最近出现无法启动现象，每次启动时发出"嗒嗒"的声响，可就是无法启动发动机。这是怎么回事呢？小白同学百思不得其解。

任务 4.1　启动系统的基础知识

【学习目标】

知识目标：

（1）了解启动系统的结构及原理。

（2）理解启动机的控制电路。

（3）掌握启动系统的故障原理及检测方法。

能力目标：

（1）能检测启动系统控制电路。

（2）能排除启动系统常见故障。

（3）能熟练使用各种常见维修工具及规范安全操作。

【相关知识】

4.1.1　启动系统概述

要使发动机由静止状态进入到工作状态，必须借助外力转动发动机，使气缸内的可燃混合气燃烧膨胀，工作循环才能自动运行。曲轴在外力的作用下，发动机从开始转动到进入怠速运转的过程，称为发动机的启动。

发动机启动方法很多，常用的有人力启动、电力启动、辅助汽油机启动等。现代汽车发动机以电动机作为启动动力。启动系统由蓄电池、点火开关、启动继电器、启动机等组成，如图 4.1 所示。其中启动机（图 4.2）在点火开关及启动继电器的控制下通电转动，并带动发动机齿轮齿圈使曲轴转动，启动发动机。因此，汽车启动系统的功用是为内燃机的曲轴提供转矩，即将蓄电池的电能转化为机械能，驱动发动机飞轮旋转，使发动机能在自身动力作用下继续运转。

据 QC/T 73—93《汽车电气设备产品型号编号方法》规定，启动机型号分为以下 5 个部分，如图 4.3 所示。

第 1 为产品代号：启动机的产品代号 QD、QDJ、QDY 分别表示启动机、减速启动机及永磁启动。

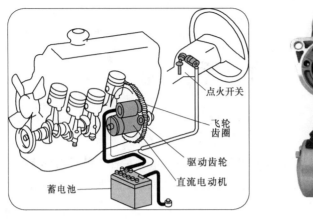

图 4.1　启动系统

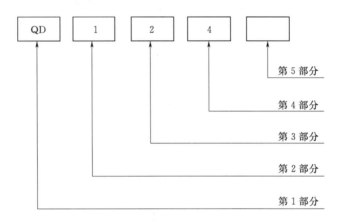

图 4.2　启动机

图 4.3　启动机型号表示

第 2 部分为电压等级代号：1 表示 12V；2 表示 24V；3 表示 6V。

第 3 部分为功率等级代号：表 4.1。

表 4.1　　　　　　　　　　　　　　功率等级代号对应的功率

功率等级代号	1	2	3	4	5	6	7	8	9
功率/kW	<1	1～2	2～3	3～4	4～5	5～6	6～7	7～8	>8

第 4 部分为设计序号。

第 5 部分为变形代号。例如，QD124 表示额定电压为 12V、功率为 1～2kW、第 4 次设计的启动机。

4.1.2　常规启动机的组成及作用

常规启动机主要由直流串励电动机、传动机构和操纵机构三个部分组成，如图 4.4 所示。

4.1.2.1　直流串励电动机

直流串励电动机主要是将蓄电池输入的电能转换为机械能，产生电磁转矩。它主要由

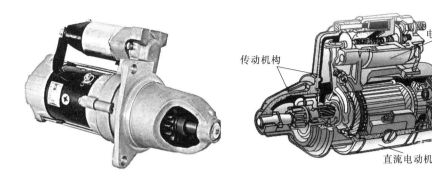

图 4.4　启动机的组成

电枢、磁极电刷架与机壳等部件构成。

1. 电枢

电枢是直流串励电动机的旋转部分，又称为转子，其作用是产生电磁转矩。它主要是由铁芯、绕组、电枢轴和换向器组成，如图 4.5 所示。

铁芯由硅钢片叠压而成，内以花键固装在电枢轴上。铁芯外围均匀排列绕线线槽，用以放置电枢绕组。在铁芯线槽口两侧，用轧纹将电枢绕组挤紧以免转子做高速旋转时由于惯性作用而将绕组甩出。转绕组的端头均匀地焊在换向片上，并且为了为防止绕组短路，在铜线与铜线之间及铜线与铁芯之间用性能良好的绝缘纸隔开。

2. 磁极

磁极又称为定子，其功能是产生磁场。它主要由励磁绕组、磁极铁芯和外壳组成，如图 4.6 所示。

图 4.5　电枢和换向器　　　　　　　图 4.6　磁极的结构

磁极用低碳钢制成极掌形状，并用埋头螺钉紧固在机壳上。磁极有永磁铁和电磁铁两种，数量一般为 4 个，两对磁极相对交错安装在电动机定子内壳上。

励磁绕组由扁铜带（矩形截面）绕制而成，其匝数一般为 6～10，扁铜带之间用绝缘纸绝缘，并用白布带以半叠包扎法包好后浸上绝缘漆烘干而成。

励磁绕组的 4 个线圈有的是相互串联后再与电枢绕组串联（称为串联式）；有的则是两两相互串联后再并联，然后与电枢绕组串联（称为混联式），如图 4.7 所示。在启动机内部接线时励磁绕组一端接在外壳的绝缘接线柱上，另一端与两个非搭铁电刷相连。当点火开关接通时，启动机的电路为电流从蓄电池正极到接线柱，进入励磁绕组，经非搭铁电刷到换向器（电枢绕组），再到搭铁电刷进行搭铁，最后到蓄电池负极。

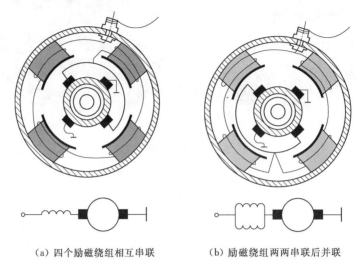

（a）四个励磁绕组相互串联　　　　（b）励磁绕组两两串联后并联

图 4.7　磁场绕组的连接

3. 电刷架与机壳

电刷架一般为框式结构，其中正极电刷架与端盖绝缘地固定在一起，负极电刷架直接搭铁。电刷置于电刷架中，电刷由铜粉与石墨粉压制而成，呈棕红色。刷架上装有弹性较好的盘形弹簧，如图 4.8 所示。

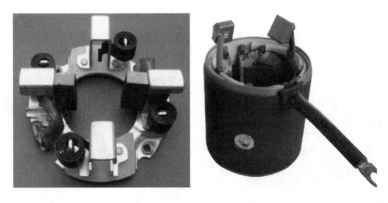

图 4.8　电刷架和机壳

启动机机壳中部只有一个电流输入接线柱，并在内部与励磁绕组的一端相连。端盖分为前后两个，前端盖由钢板压制而成，后端盖由铸铁浇制而成。前后端盖均压装着青铜石墨轴承套或铁基含油轴承套，外围有两个或四个组装螺孔。电刷架及电刷装在前端盖内，后端盖上装有拨叉座。

4.1.2.2 传动机构

传动机构的作用是发动机启动过程中，使启动机的驱动齿轮与发动机飞轮齿圈相啮合，将直流电动机产生的转矩传递给发动机飞轮齿圈，发动机曲轴转动；发动机启动后，飞轮齿圈与驱动齿轮自动打滑脱离。

传动机构一般由驱动齿轮、单向离合器、拨叉、啮合弹簧等组成。单向离合器有滚柱式、摩擦片式、弹簧式等几种类型，其中滚柱式单片机离合器是较常用的，如图 4.9 所示。

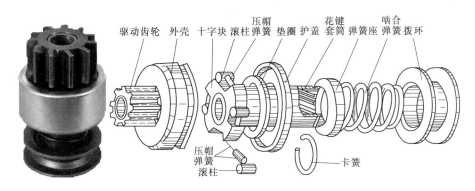

图 4.9　滚柱式单向离合器

传动机构的工作过程如下：

发动机启动时，经拨叉将离合器沿花键推出，驱动齿轮啮入发动机飞轮齿圈。启动机电枢的转矩经套筒带动十字块旋转，滚柱滚入楔形槽窄端，将十字块与外壳卡紧，于是电动机电枢的转矩可由十字块经外壳传递给驱动齿轮，从而达到驱动发动机飞轮齿圈旋转、启动发动机的目的，如图 4.10（a）所示。

发动机启动后，飞轮齿圈的转速会高于驱动齿轮，而带动驱动齿轮旋转，当转速超过电枢转速时，滚柱滚入宽端，外壳与十字块之间不能传递力矩，发动机的力矩就不会传递至启动机，从而防止电枢超速飞散的危险，如图 4.10（b）所示。

启动完毕，由于拨叉、回位弹簧的作用，经拨环使离合器退回，驱动齿轮脱离飞轮齿圈。

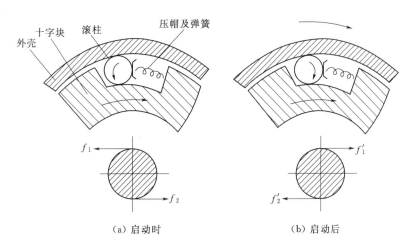

（a）启动时　　　　　　　（b）启动后

图 4.10　滚柱的受力及作用示意图

4.1.2.3　操纵机构

操纵机构一般为电磁开关，它是用来接通和断开直流串励电动机与蓄电池之间的电路，如图 4.11 所示。

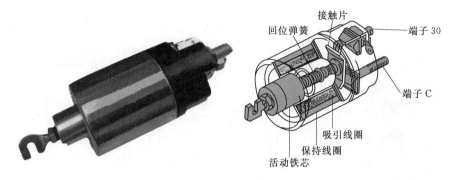

图 4.11　启动机电磁开关

4.1.3　点火开关

不仅启动机受点火开关的控制，很多电气设备工作也受点火开关控制，同时其还具备电子防盗和机械防盗功能。点火开关一般安装在方向管柱和转向盘周围，如果安装在方向管柱上，点火开关还具有转向盘的锁止功能，如图 4.12 所示。

　　（a）安装在方向管柱上　　　　　　　　　（b）安装在仪表台上

图 4.12　点火开关的安装位置

普通点火开关由机械锁芯和电路开关两部分组成，如图 4.13 所示。其中，LOCK 为锁止挡，对转向盘进行锁止；OFF 用于切断所有供电；ACC 主要为附件供电；ON 用于给发动机及附件供电；START 为启动挡。

智能无钥匙启动就是指持此钥匙靠近车门，无须用钥匙，手拉即可打开车门，上车后，无须将钥匙插进钥匙孔，直接按下按钮式钥匙开关（图 4.14），即可启动车辆。

4.1.4　启动机的正确使用与维护

启动机发动时，蓄电池要给启动机提供很大的电流，为保证发动机安全迅速可靠地启动发动机，并尽量延长其使用寿命，在使用中需注意以下事项。

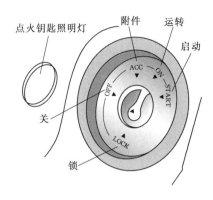

图 4.13 点火开关结构及挡位

图 4.14 无钥匙启动开关

（1）启动机启动后，必须立即切断启动机控制电路，使驱动齿轮及时退出，减少单向离合器的磨损。

（2）启动机启动时，每次启动时间不超过 5s，再次启动时应间歇 10～15s，使蓄电池容量得以恢复。如果连续第三次启动，应在检查与排除故障的基础上停歇几分钟后进行。

（3）经常保持蓄电池处于充足电的状态，各处接线良好。在冬季或低温情况下启动车辆时，应对蓄电池采取保温措施。

（4）对于自动挡汽车，启动时应挂入空挡。

任务 4.2 启动机的更换

【学习目标】

知识目标：

（1）掌握启动机的结构认识。

（2）掌握启动机整体拆卸的步骤。

能力目标：

（1）能判断启动机的好坏方法。

（2）能更换启动机总成。

（3）能熟练使用各种常见维修工具及规范安全操作。

【相关知识】

4.2.1 启动机就车总成拆卸

1. **断开蓄电池负极电缆**

断开蓄电池负极之前对储存在 ECU 等器件内的信息做好记录，如图 4.15 所示。

2. **卸下启动机**

（1）卸下启动机电缆线。

1）拆下防短路盖。如图 4.16 所示。

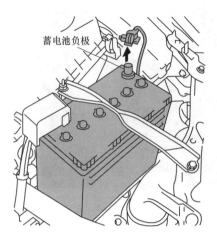

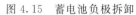

图 4.15　蓄电池负极拆卸

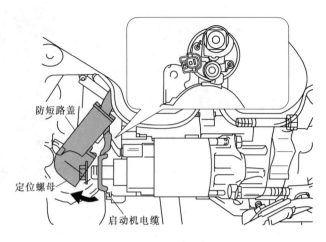

图 4.16　防短路盖拆卸

2）拆下启动机电缆定位螺母。

3）断开启动机端子 30 的启动机电缆。

提示：由于启动机电缆直接与电池相连，因此带有一个防短路盖。

（2）断开启动机连接器。按压连接器的卡销，然后握住连接器插头，断开连接器。如图 4.17 所示。

（3）拆卸启动机。拆下启动机安装螺栓，然后滑动启动机，将其拆下，如图 4.18 所示。

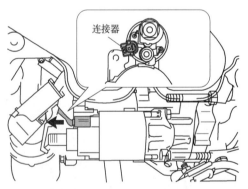

图 4.17　拔下启动机电缆连接插头

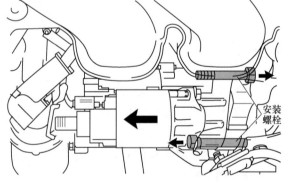

图 4.18　启动机安装螺栓的拆卸

4.2.2　更换安装新的启动机

（1）安装启动机。插入启动机，用启动机安装螺栓安装和固定启动机，如图 4.19 所示。

（2）连接启动机连接器，如图 4.20 所示。

1）握住连接器体，连接连接器。

2）确定连接器牢牢接合。

（3）连接启动机电缆，如图 4.21 所示。

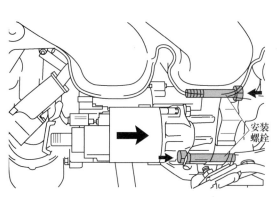

图 4.19　启动机规定螺栓的安装

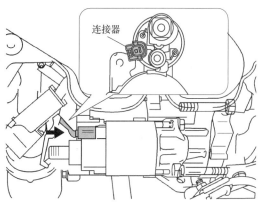

图 4.20　启动机连接器的安装

1）将启动机电缆连接到启动机的端子 30 上。

2）用启动机电缆定位螺母将其固定住。

提示：为防止损坏端子，应正确安装电缆。

（4）将防短路盖安装到端子 30 上，如图 4.22 所示。

（5）连接蓄电池的负极（－）电缆，如图 4.23 所示。

1）为防止损坏蓄电池端子，请正确连接蓄电池负极（－）电缆。

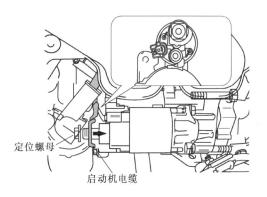

图 4.21　启动机电缆的连接

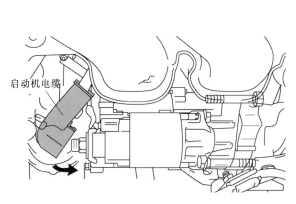

图 4.22　防短路盖的安装

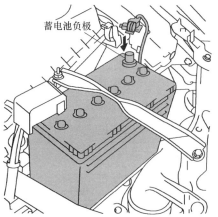

图 4.23　蓄电池负极的电缆的连接

2）复原车辆信息。完成检查步骤之后，复原工作前记下的车辆信息。

（6）最后检查。将点火开关（图 4.24 中标号 1 所指）转到启动位置，然后检查启动机（图 4.24 中标号 2 所指）运行是否正常，如图 4.24 所示。

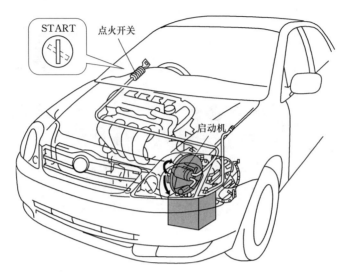

图 4.24   启动检查

【实操任务单】

启动机的整体拆卸		
班级：_____ 组别：_____ 姓名：_____ 指导教师：_____		
整车型号		
车辆识别代码		
发动机型号		
任务	作业记录内容	备注
启动机的整体拆卸	□有做　□不必做　□必做　□必做但没做	
将点火开关扭至 OFF 挡位	□有做　□不必做　□必做　□必做但没做	
拆下蓄电池的搭铁线	□有做　□不必做　□必做　□必做但没做	
启动机外观检查	□有做　□不必做　□必做　□必做但没做	
拆下启动机各连接线	□有做　□不必做　□必做　□必做但没做	
拆卸个紧固螺栓	□有做　□不必做　□必做　□必做但没做	
卸下后启动机外观检查	□有做　□不必做　□必做　□必做但没做	
更换新的启动机	□任务完成	

思　考　题

1. 如何测量启动继电器，以确定其好坏？

2. 原厂同样的启动机最好，但要知道什么是副厂件、什么又是配套厂的配件吗？它们之间有什么区别？

任务 4.3　启动机的保养与检测

【学习目标】

知识目标：

（1）掌握启动机的保养与检测方法。

（2）熟练掌握启动机解体的操作步骤。

能力目标：

（1）能对启动机进行维护保养。

（2）能解体启动机并能对各零部件进行检测。

（3）能熟练使用各种常见维修工具及规范安全操作。

【相关知识】

4.3.1　启动系统的保养知识

（1）每次启动时，启动时间不能超过 5s，若重复启动应停息 15s，连续三次无法启动，应停歇 15min，并检查不能启动的原因，排除故障后再进行发动机启动。

（2）在冬季及低温地区启动发动机时应对发动机预热。

（3）自动挡汽车，启动时将变速杆置于空挡或驻车挡；手动挡汽车，启动前踩下离合器踏板。

（4）发动机运转时，严禁再启动发动机。

（5）若启动时，启动机转速低，应检查蓄电池储电情况。

（6）经常检查启动机电路和电源电路各连接线是否连接可靠。

（7）经常保持启动机和各部件清洁、干燥。

4.3.2　启动机的分解与保养

1. 电磁开关的拆卸

电磁开关的拆卸如图 4.25 所示。

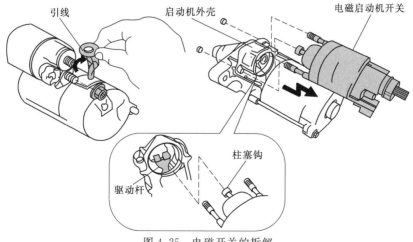

图 4.25　电磁开关的拆解

（1）用扳手旋下电磁开关的接线柱螺母，取下导线。

（2）拆下吸力开关的固定螺栓，并将电磁启动机开关拉到后侧；然后向上拉电磁启动机开关的顶端，从驱动杆中取出柱塞钩，取下电磁开关。

2. 启动机磁轭的拆卸

启动机磁轭的拆卸如图 4.26 所示。

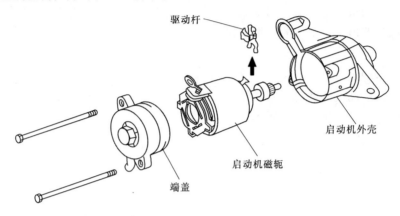

驱动杆

启动机外壳

启动机磁轭

端盖

图 4.26　启动机磁轭总成分解

（1）拆下两颗螺栓。

（2）拆下换向器端盖。

（3）分开启动机外壳从启动机磁轭。

（4）拆下驱动杆。

3. 启动机电刷弹簧的拆卸

（1）用台钳将带电枢轴固定在两块铝板或者布之间，如图 4.27 所示。

（2）释放卡销并取下板。用手指向上拉卡销，然后拆下板，如图 4.28 所示。

注意：要慢慢拆下板，否则电刷弹簧可能会弹出。

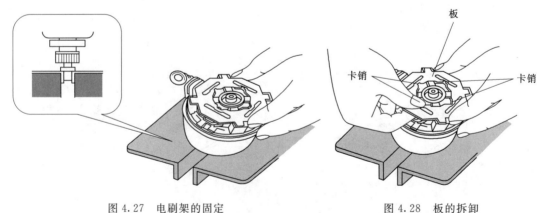

板

卡销

卡销

图 4.27　电刷架的固定　　　　　　　　　图 4.28　板的拆卸

（3）用平头螺丝刀（或其他工具）压住弹簧，然后拆下电刷，如图 4.29 所示。

注意：执行此操作时要用胶带缠住螺丝刀；为防止弹簧弹出，执行此操作时要用一块布盖在电刷座上。

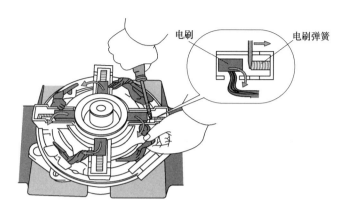

图 4.29　电刷架的拆卸

（4）从电刷座绝缘体拆下电刷弹簧，如图 4.30 所示。

（5）拆下电刷座绝缘体，如图 4.31 所示。

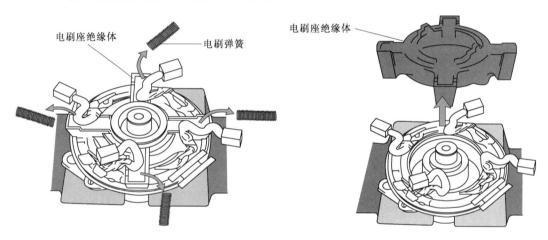

图 4.30　电刷弹簧的拆卸　　　　　　　图 4.31　电刷座绝缘体的拆卸

4. 启动机电枢总成的拆卸

启动机电枢总成的拆卸如图 4.32 所示。

（1）从启动机磁轭拆下启动机电枢总成，然后用台钳将带电枢固定在两块铝板或布之间，如图 4.32（a）所示。

（2）用平头螺丝刀轻敲止动环，使其向下滑动，如图 4.32（b）所示。

（3）拆下卡环，如图 4.32（c）所示。

1）用平头螺丝刀打开卡环的开口。

2）拆下卡环。

（4）从电枢轴拆下止动环和启动机离合器，如图 4.32（d）所示。

5. 启动机离合器分总成的拆卸

启动机离合器分总成的拆卸如图 4.33 所示。

（1）启动机离合器。

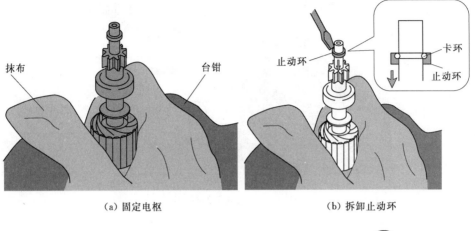

（a）固定电枢　　　　　　　　（b）拆卸止动环

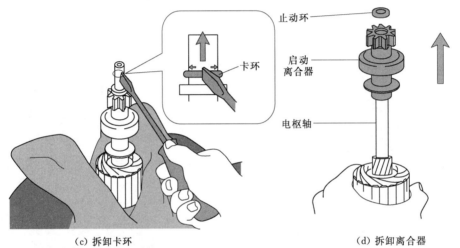

（c）拆卸卡环　　　　　　　　（d）拆卸离合器

图4.32　电枢总成的拆卸

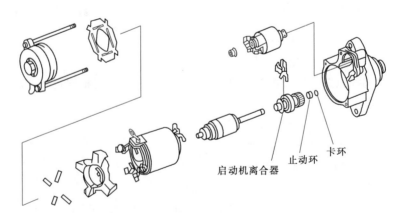

图4.33　启动机离合器总成的拆卸

（2）止动环。

（3）卡环。

4.3.3 启动机零部件的检测

1. **检查启动机电枢总成**

（1）外观检查，如图 4.34 所示。维修提示：通过自转，电枢线圈和换向器接触到电刷，随后接通电流。因此，启动机的换向器很容易变脏和烧坏。换向器变脏和烧坏之后会干扰电流并妨碍启动机的正常运转。

（2）清洁用抹布或者刷子清洁电枢总成。

（3）启动机电枢绝缘和导通检查。

1）用万用表检查换向器和电枢铁芯之间的绝缘情况。提示：电枢铁芯和电枢线圈之间的状态为绝缘，换向器与电枢线圈相连。如果零部件正常，换向器和电枢铁芯之间的状态为绝缘，如图 4.35 所示。

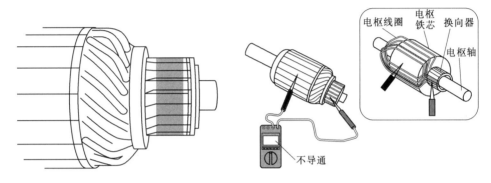

图 4.34 外观检查　　　　　图 4.35 电枢绝缘和导通检查

2）换向器片之间的导通情况。提示：每个换向器片通过电枢线圈连接。如果零部件正常，换向器片之间的状态为导通，如图 4.36 所示。

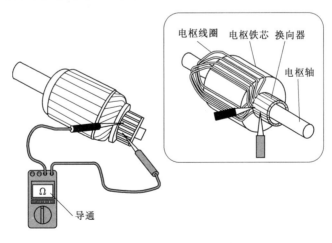

图 4.36 换向器片间的导通情况

（4）换向器圆跳动检查。用千分表检查换向器的跳动水平。一般来说，轴跳动不超过 0.05mm；如图 4.37 所示。提示：由于换向器的跳动量变大，换向器与电刷的接触将减弱。因此，可能会出现故障，例如启动机无法运转。

（5）换向器的外径检查。用游标卡尺测量换向器的外径，如图4.38所示。维修提示：由于换向器在转动时要与电刷接触，因此会受到磨损。换向器直径（D）就不小于标准值1.10mm，如果测量值超出规定的磨损范围，与电刷的接触将变弱，这可能会导致电循环不良。因此，可能会发生启动机无法转动和其他故障。

（6）换向片凹槽深度检查。用游标卡尺的深度杆测量换向器片之间的深度，如图4.39所示，标准凹槽深度为0.6mm，最小凹槽深度为0.2mm。

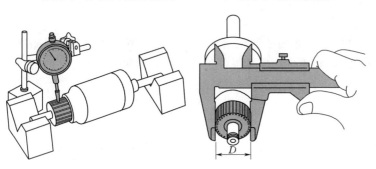

图4.37　换向器圆跳动检查　　　图4.38　换向器的外径检查　　　图4.39　换向片凹槽深度检查

2. 检查励磁线圈。

（1）用万用表检查励磁线圈。电刷引线A组和引线之间的导通情况。提示：①电刷引线由两组组成：一组与引线相连A组，另一组与启动机磁轭相连B组；②检查引线和所有电刷引线之间的导通情况。A组的两根电刷引线导通，B组的两根电刷引线不导通；③检查电刷引线和引线之间的导通情况有助于确定励磁线圈中是否发生开路；④检查电刷引线和启动机磁轭之间的绝缘情况有助于确定励磁线圈中否发生短路，如图4.40（a）所示。

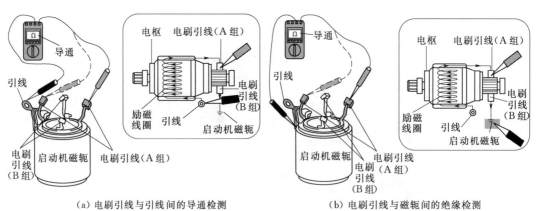

（a）电刷引线与引线间的导通检测　　　　　　（b）电刷引线与磁轭间的绝缘检测

图4.40　励磁线圈的检查

（2）电刷引线A组和启动机磁轭之间的绝缘情况。提示：①电刷引线由两组组成：一组与引线相连A组，另一组与启动机磁轭相连B组；②检查引线和所有电刷引线之间的导通情况；A组的两根电刷引线导通，B组的两根电刷引线不导通；③检查电刷引线和引线之间的导通情况有助于确定励磁线圈中是否发生开路；④检查电刷引线和启动机磁轭之间的绝缘情况有助于确定励磁线圈中是否发生短路，如图 4.40（b）所示。

3. 电刷的检查

电刷被弹簧压在换向器上。如果电刷磨损程度超过规定限度，弹簧的夹持力将降低，与换向器的接触将变弱。这会使电流的流动不畅，启动机可能因此而无法转动。

（1）清洁电刷并用游标卡尺测量电刷长度，如图 4.41 所示。提示：测量电刷中部的电刷长度，因为此部分磨损最严重；用游标卡尺的顶端测量电刷长度 h，因为磨损部位呈圆形；如果上述测量值低于规定值（一般为原长度的 2/3），应更换电刷。

（2）若更换电刷，应按如下操作。

1）切断启动机磁轭侧连接位置的电刷引线，如图 4.42 所示。

2）用锉或者砂纸整形启动机磁轭的焊接面，如图 4.43 所示。

3）将带板的新电刷安装到启动机磁轭上，稍稍用力压一下，使其互相连接。如图 4.44 所示。

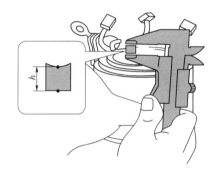

图 4.41　电刷长度的测量

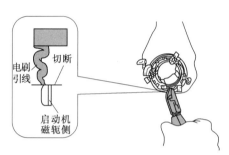

图 4.42　切下电刷

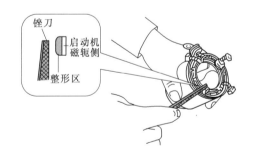

图 4.43　打磨磁轭的焊接面

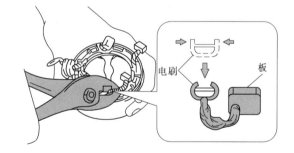

图 4.44　连接新的电刷到磁轭上

4）将新电刷焊接在连接部位。提示：焊接时请使用适量的焊料，注意不要接触到目标区域以外的地方，如图 4.45 所示。

4. 检查电磁启动机开关总成

（1）检查电磁启动机开关的操作，如图 4.46 所示。用手指按住柱塞。松开手指之后，检查柱塞是否很顺畅地返回其原来位置。提示：由于开关在柱塞中，如果柱塞无法顺畅地返回其原始位置，开关的接触将变弱，因此无法打开或关闭启动机；如果柱塞的运行不正常，请更换电磁启动机开关总成。

（2）用万用表检查电磁启动机开关的导通情况。

图 4.45 焊接新的电刷

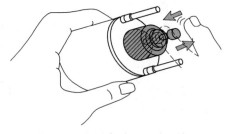

图 4.46 电磁启动机开关的检查

1）端子 50 和端子 C 之间的导通情况（牵引线圈中的导通检查）。提示：牵引线圈连接端子 50 和端子 C。如果牵引线圈正常，则两个端子之间为导通；如果牵引线圈断开，柱塞无法被引入，如图 4.47 所示。

2）端子 50 和开关体之间的导通情况（保持线圈中的导通检查），如图 4.48 所示。提示：保持线圈连接端子 50 和开关体。如果保持线圈正常，则端子 50 和开关体之间为导通；如果保持线圈断开，可牵引柱塞，但是无法保持，因此小齿轮反复伸出和返回。

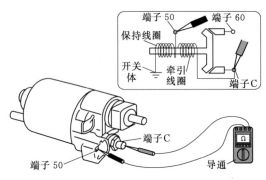

图 4.47 电磁启动机开关的导通情况检查

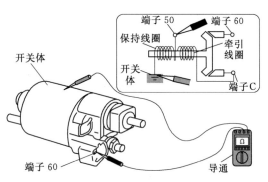

图 4.48 端子 50 和开关体之间的导通检查

4.3.4 启动机的装复

1. 安装启动机离合器分总成。

（1）在启动机离合器花键上涂一些润滑脂，如图 4.49 所示。

（2）将启动机离合器安装到电枢轴上，如图 4.50 所示。

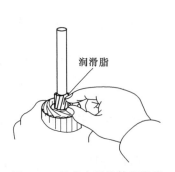

图 4.49 给离合器涂抹润滑脂

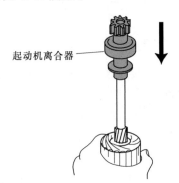

图 4.50 安装启动机离合器

（3）将止动环安装到轴上，较小的内径应指向下方，如图 4.51（a）所示。

（4）将卡环对齐轴上的凹槽，用台钳拧紧，将其固定在轴上。维修提示：如果用台钳拧得过紧，可能会损坏卡环或轴，如图 4.51（b）所示。

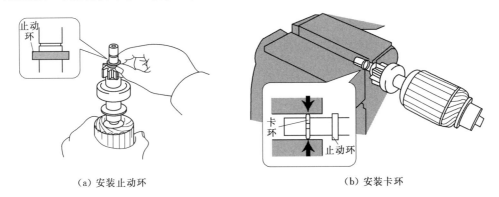

（a）安装止动环　　　　　　　　　　　　　（b）安装卡环

图 4.51　安装止动环和卡环

（5）抬起启动机离合器，将其保持在该位置，然后用塑料锤敲打轴，将卡环装入止动环中，如图 4.52 所示。

2. 安装启动机电刷弹簧

（1）将启动机电枢总成安装在启动机磁轭上。

（2）安装启动机电刷弹簧。

1）用台钳固定住夹在两块铝板或者抹布之间的电枢轴，如图 4.53 所示。

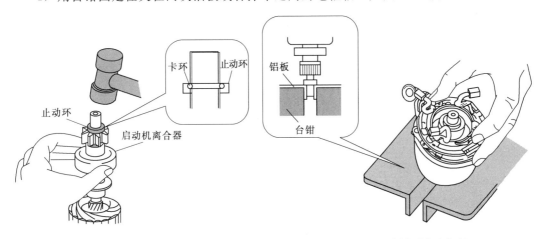

图 4.52　将卡环装入止动环中　　　　　图 4.53　用台钳固定电枢轴

2）安装电刷座绝缘体，如图 4.54 所示。

3）将弹簧安装在电刷座绝缘体上，如图 4.55 所示。

4）压住弹簧，同时将电刷装到电刷座绝缘体上。注意：由于电刷受弹簧的推动，操作时请务必小心，不要让弹簧弹出来。用螺丝刀可以比较方便地压住弹簧。用胶带缠绕螺丝刀的顶端，如图 4.56 所示。

5）安装板。用手指按住卡销安装，如图 4.57 所示。

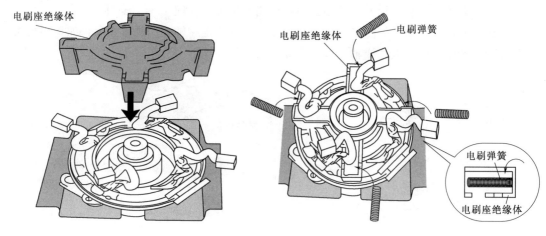

图 4.54　安装电刷座绝缘体　　　　　　　　　图 4.55　安装电刷弹簧

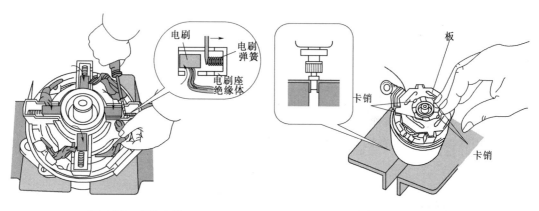

图 4.56　安装电刷　　　　　　　　　　　　图 4.57　安装板

3. 安装启动机磁轭总成

安装启动机磁轭总成，如图 4.58 所示。

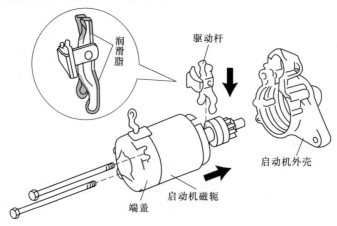

图 4.58　安装启动机磁轭总成

（1）在驱动杆和启动机离合器互相接触的部位涂一些润滑脂。

（2）将驱动轴放到轴上。

（3）拧紧两个螺栓，将换向器端盖和磁轭安装到启动机外壳上。

4．安装电磁启动机开关总成

（1）安装电磁启动机开关，如图 4.59 所示。将柱塞钩钩到驱动杆上，然后用两个螺栓将电磁启动机开关安装到启动机外壳上。

（2）连接引线和螺母。

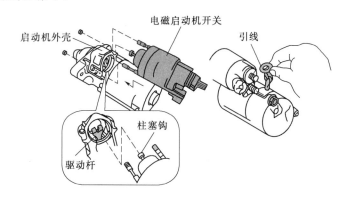

图 4.59　安装电磁开关总成

4.3.5　启动机的测试

1．牵引测试

检查电磁启动机开关是否正常，如图 4.60 所示。

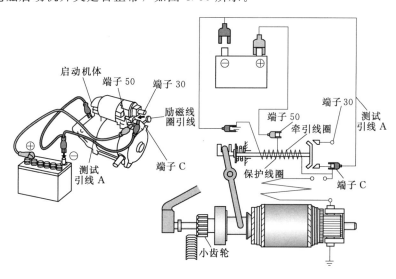

图 4.60　启动机牵引测试

（1）为防止启动机转动，从端子 C 断开励磁线圈引线。

（2）将蓄电池正极（＋）端子连接到端子 50 上。

（3）将蓄电池负极（－）端子连接到启动机体和端子 C（测试引线 A）上，检查小齿轮是否露出。

提示：扳动点火开关使其处于"启动"位置。然后让电流流入牵引线圈和保持线圈，检查小齿轮是否伸出。如果小齿轮没有伸出，需更换电磁启动机开关总成。

2. 保持测试，检查保持线圈是否正常

启动保持牵引测试如图 4.61 所示。

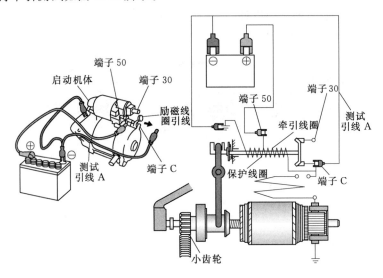

图 4.61 启动保持牵引测试

（1）牵引测试之后，当小齿轮伸出时，从端子 C 断开测试引线 A。

（2）检查小齿轮是否保持伸出状态。

提示：断开测试引线 A，该引线连接蓄电池负极端子和端子 C，从端子 C 断开流入牵引线圈的电流，让电流仅流入保持线圈。如果小齿轮无法保持伸出状态，需更换电磁启动机开关总成。

3. 检查小齿轮间隙及小齿轮的伸出量

检查小齿轮的伸出量，如图 4.62 所示。

在保持测试状态下，测量小齿轮和止动环之间的间隙。维修提示：如果间隙超出规定值范围，需更换电磁启动机开关总成。

4. 小齿轮返回测试

检查小齿轮是否返回其原始位置，如图 4.63 所示。

（1）保持测试后当小齿轮伸出时，从启动机体断开接地线。

（2）确认小齿轮返回其原始位置。

提示：把点火开关从"启动"位置扳到"接通"位置将会断开流向保持线圈的电流。如果小齿轮未返回其原始位置，需更换电磁启动机开关总成。

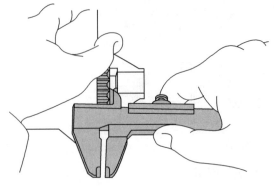

图 4.62 检查小齿轮的伸出量

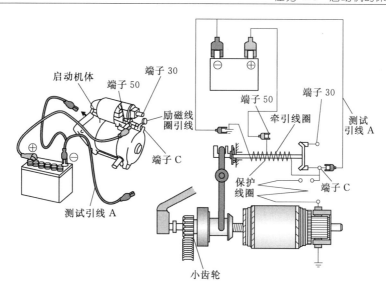

图 4.63　小齿轮的返回测试

5. 无负荷测试

检查电磁启动机开关的接触点以及换向器和电刷之间的接触，如图 4.64 所示。

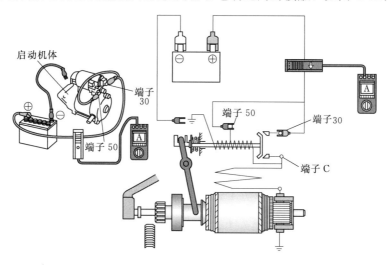

图 4.64　启动机无负荷测试

（1）用台钳固定住夹在铝板或者布之间的启动机。

（2）将拆下的励磁线圈引线连接到端子 C。

（3）将蓄电池正极（＋）端子连接到端子 30 和端子 50 上。

（4）将万用表连接在蓄电池正极（＋）端子和端子 30 之间。

（5）将蓄电池负极（－）端子连接到启动机体上，然后转动启动机。

（6）测量流入启动机的电流，如图 4.65 所示。注意：用蓄电池向启动机长时间供电会烧坏线圈，因此测试时间限定为 3～5s；在无负荷测试中，电流会随启动机电机的不同而略有不同，有时甚至会用到 200～300A 的电流。预先查阅维修手册，务必使用容量足够大的电流表和引线。

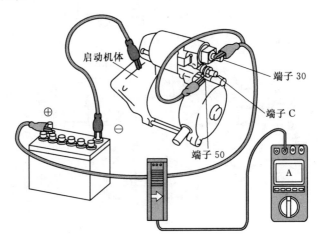

启动机体

端子 30

端子 C

端子 50

A

图 4.65　启动电流的测量

【实操任务单】

<table>
<tr><td colspan="3">启动机保养及检测作业工单</td></tr>
<tr><td colspan="3">班级：_____ 组别：_____ 姓名：_____ 指导教师：_____</td></tr>
<tr><td>整车型号</td><td colspan="2"></td></tr>
<tr><td>车辆识别代码</td><td colspan="2"></td></tr>
<tr><td>发动机型号</td><td colspan="2"></td></tr>
<tr><td>任务</td><td>作业记录内容</td><td>备注</td></tr>
<tr><td colspan="3">一、启动机解体 □有做 □不必做 □必做 □必做但没做</td></tr>
<tr><td colspan="2">1. 旋出防尘盖固定螺钉，取下防尘盖，用专用钢丝钩取出电刷；拆下电枢轴上止推圈处的卡簧。</td><td>□是 □否</td></tr>
<tr><td colspan="2">2. 用扳手旋出两个紧固穿心螺栓，取下前端盖，抽出电枢。</td><td>□是 □否</td></tr>
<tr><td colspan="2">3. 拆下电磁开关主接线柱与电动机接线柱间的导电片；旋出后端盖上的电磁开关紧固螺钉，使电磁开关后端盖与中间壳体分离。</td><td>□是 □否</td></tr>
<tr><td colspan="2">4. 从后端盖上旋下中间支承板紧固螺钉，取下中间支撑板，旋出拨叉轴销螺钉，抽出拨叉，取出离合器。</td><td>□是 □否</td></tr>
<tr><td colspan="2">5. 将已解体的机械部分侵入清洗液中清洗，电气部分用棉纱沾少量汽油擦拭干净。</td><td>□任务完成</td></tr>
<tr><td colspan="3">二、启动机解体及检查 □有做 □不必做 □必做 □必做但没做</td></tr>
</table>

电枢的检测	1. 万用表放在 2MΩ 挡位，换向器和电枢线圈铁芯之间不应导通。	□是 □否	
	2. 万用表放在 200MΩ 挡位检查电枢绕组（换向片与换向片间），两表笔放在两整流片上，应该导通。	□是 □否	
	3. 用百分表检查换向器失圆，其失圆（跳动量）不应超过 0.03mm，换向器最小直径、电枢轴跳动量是否正常。	□是 □否	
	4. 电刷长度是否正常。	□是 □否	
	5. 电刷弹簧张力是否正常。	□是 □否	
	6. 万用表放在响零挡，用欧姆表检查励磁绕组两电刷之间时，应导通。用欧姆表检查励磁绕组和定子外壳时，不应导通。	□是 □否	
传动机构检测	1. 小齿轮和花键及飞轮齿圈有无磨损和损坏	□是 □否	
	2. 单向离合器是否能正常工作	□是 □否	
电磁开关的检修	1. 启动继电器是否能正常工作。	□是 □否	
	2. 推入活动铁芯，然后松开，活动铁芯是否能迅速回位。	□是 □否	
	3. 用欧姆表连接端子 50 和端子 C 时应导通，电阻阻值是否在标准范围内。	□是 □否	
	4. 用欧姆表连接端子 50 和搭铁时，应导通，电阻阻值是否在标准范围内。	□是 □否	
	5. 电磁开关接触片是否能正常工作。	□是 □否	

检查结果分析及处理方法：

三、启动机的组装及安装 □有做 □不必做 □必做但没做	
四、质检操作步骤 □有做 □不必做 □必做但没做	
1. 检查各零件是否安装到位？	□是 □否
2. 点火开关至启动挡位，能否正常启动发动机？	□是 □否
3. 检查是否有其他故障现象？	□是 □否

项目 5

点 火 系 统

【项目引入】

小白同学发现实训室 1.6 排量的朗逸最近启动困难，甚至无法启动，即使启动后发动机运行也不平稳，抖动明显。这是什么原因呢？

任务 5.1 点火系统的认知

【学习目标】

知识目标：

（1）了解点火系统的发展状况。

（2）了解电子点火系统的功用及要求。

（3）了解各类型电子点火系统的工作原理。

能力目标：

（1）掌握各类型点火系统的特征。

（2）掌握电子点火系统的组成。

【相关知识】

5.1.1 点火系统的作用与要求

1. 点火系统的作用

点火系统的作用是将汽油发动机工作时吸入气缸的可燃混合气，在压缩行程终了时，及时地用电火花点燃可燃混合气，并满足可燃混合气充分地燃烧及发动机工作稳定的性能要求，使汽油发动机顺利地实现从热能到机械能的转变。

2. 对点火系统的要求

根据发动机各工况的要求，点火系统应保证在各种使用条件下可靠地点燃可燃混合气。因此，对点火系统的要求如下：

（1）点火系统应能迅速及时地产生足以击穿火花塞电极间隙的高电压。使火花塞电极之间产生火花的电压称为击穿电压。影响击穿电压的因素有：火花塞电极间隙，气缸内混合气的压力与温度，电极的温度与极性，发动机正常工作时击穿电压一般均在 15kV 以上；发动机在满载低速时击穿电压为 8～10kV；启动时需 19kV。考虑各种不利因素的影响，通常点火系统的设计电压为 30kV。

（2）火花应具有足够的点火能量。正常工作情况下，可靠点燃可燃混合气的点火能量为 50～80mJ，启动时需 100mJ 左右的点火能量。

（3）根据发动机各种工况提供最佳的点火时刻。首先，点火系统应按发动机的工作顺序进行点火，一般四缸发动机为 $1-3-4-2$，六缸发动机为 $1-5-3-6-2-4$；其次，发动机的温度、负荷、转速和燃油品质等，都直接影响混合气的燃烧速度。点火系统必须能适应上述情况变化并实现最佳点火时刻的变化。

5.1.2　点火系统的分类

汽车上应用的点火系统种类较多，大致分类见表 5.1。

表 5.1　　　　　　　　　　　　点火系统的分类

分类方法	类　型	特　征
按初级电路 控制方式	传统点火系统	由断电器的触点来控制点火初级电路的通与断，结构简单，成本低，工作可靠性差故障率高，目前已淘汰
	电子点火系统	由晶体管来控制初级电路的通与断，工作可靠性高、体积小、点火时间精确
	微机控制点火系统	由微机根据各传感器的输入信号，经过运算和处理，去控制点火初级电路的通与断。此系统可根据发动机工况的变化对喷油时刻、点火提前角等进行调整，使发动机获得良好的动力性、经济型和排放性能
按点火能量 的储存方式	电感储能式电子点火系统	点火系统的电火花的能量以磁场的形式储存于点火线圈内。此系统应用广泛
	电容储能式电子点火系统	点火系统的电火花的能量以电场的形式储存于储能电容器内。主要应用于赛车
按信号发生 器的原理	电磁感应式电子点火系统	由分电器轴驱动的导磁转子转动，改变磁路磁阻，使感应线圈的磁通量发生变化而产生点火信号
	霍尔效应式电子点火系统	由分电器轴驱动的导磁转子转动，通过霍尔元件所通过的磁通量的变化而产生点火信号
	光电式电子点火系统	由分电器轴驱动的遮光转子转动，通过遮挡穿过发光二极管光线的变化使光敏三极管产生点火信号
按高压电的 配电方式	分电器点火系统	传统点火系统和电子点火系统中广泛使用
	无分电器点火系统	各缸火花塞与点火线圈次级绕组相连，在微机控制下，高压电直接加到各缸的火花塞上，依照点火顺序控制各缸火花塞点火

5.1.3　传统点火系统的组成和工作原理

1. 传统点火系统的组成

传统点火系统的组成如图 5.1 所示。

（1）电源。由蓄电池或发电机供给点火系统工作所需的电能。

（2）点火线圈。将电源提供的 12V 低压电变成 $15\sim20$kV 的高压电。

（3）分电器。由断电器、配电器、电容器和点火提前机构等部分组成。各部分作用如下：

1）断电器：接通与切断点火线圈初级电路。

2）配电器：将点火线圈产生的高压电按气缸的工作顺序送至各缸火花塞。

3）电容器：减小断电器触点火花，延长触点使用寿命并提高次级电压。

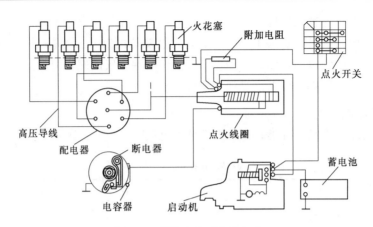

图 5.1 传统点火系统的组成

4）点火提前机构：随发动机转速、负荷和汽油辛烷值变化改变点火提前角。

（4）火花塞。产生电火花，点燃气缸内的可燃混合气。

（5）点火开关。控制点火线圈的初级电路。

（6）附加电阻。稳定点火线圈的初级电流，改善点火性能和启动性能。

2. 传统点火系统的工作原理

传统点火系统的工作原理如图 5.2 所示。

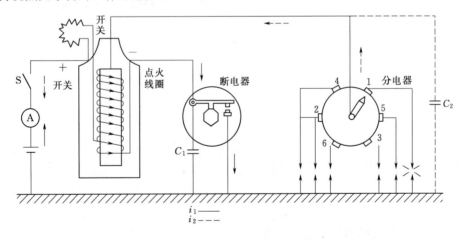

图 5.2 传统点火系统的工作原理

发动机工作时，由发动机凸轮轴以 1:1 的传动关系驱动分电器轴。分电器上的凸轮使断电器触点交替地闭合和打开。当触点闭合时，接通点火线圈初级统组的电路；当触点打开时，切断点火线圈初级绕组的电路，使点火线圈的次级绕组中产生高压电；经火花塞的电极产生电火花，点燃混合气。其工作过程可分为三个阶段。

（1）触点闭合，初级电流逐步增长。在点火开关接通的情况下，当断电器触点闭合时，点火线圈初级绕组中有电流通过。流过初级绕组的电流称为初级电流 i_1，其电路是：蓄电池正极→电流表→点火开关→点火线圈"＋开关"接柱→附加电阻 R_f→点火线圈"开关"接柱→点火线圈初级绕组→点火线圈"－"接柱→断电器触点→搭铁→蓄电池负极。

在断电器触点由断开到闭合的一瞬间，初级绕组中从无电流到有电流，根据楞次定律，在初级绕组中产生了一个与初级电流 i_1 方向相反的自感电动势，它阻碍初级电流的迅速增长，使初级电流 i_1 按指数规律逐步增长，如图 5.3（a）所示。当触点保持继续闭合时，大约经 20ms 后，初级电流 i_1 将达到最大稳定值。

（2）触点断开，次级绕组中产生高压电。当分电器凸轮转过一定角度后，便将断电器触点顶开，初级电路被切断，初级电流 i_1 迅速下降到零。根据楞次定律，在初级绕组和次级绕组中都产生感应电动势。初级绕组匝数少，产生 $200 \sim 300\text{V}$ 的自感电动势，次级绕组由于匝数多，产生高达 $15 \sim 20\text{kV}$ 的互感电动势。

当断电器触点断开时，初级绕组所产生的自感电动势加在触点之间，并击穿触点间

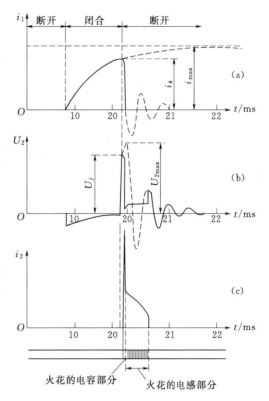

图 5.3　传统点火系工作过程波形图

隙形成电火花，使初级电流 i_1 不能迅速断流而造成铁芯中磁场的下降速率减小，次级绕组的互感电动势降低。且触点间的电火花会很快烧蚀触点，使点火系统不能正常工作。为此，在断电器触点之间并联一个电容 C_1，在触点断开瞬间，迅速吸收初级绕组所产生的自感电动势充电，由此减小触点间的电火花，提高次级绕组的互感电动势，增大触点的使用寿命。

此外，在高压导线与高压导线之间、高压导线与机体之间、火花塞中心电极与侧电极之间存在一个分布电容 C_2，相当于在次级绕组两端并联一个电容。如果火花塞电极间隙过大而不被击穿，则次级电压将达到最大值 $U_{2\max}$。此后，次级电压将随初级电流的变化进行衰减振荡，如图 5.3（b）中虚线所示。

（3）火花塞电极间隙被击穿，产生电火花，点燃可燃混合气。一般来说，火花塞的击穿电压 U_j 总是低于 $U_{2\max}$。当增长的次级电压 U_2 达到 U_j 时，火花塞电极间隙被击穿而形成电火花，次级电流 i_2 迅速增加，次级电压 U_2 急剧下降，如图 5.3（b）、（c）所示。

当火花塞电极间隙击穿以后，储存在 C_1、C_2 中的电场能得以释放。这部分由电容储存的能量维持的放电过程，称为"电容放电"，其特点是放电时间极短，放电电流很大。因此电容放电只消耗了磁场能的一部分。

火花塞间隙击穿以后，火花塞电极间的"电阻"减小，铁芯中剩余的磁场能得以沿着电离了的火花塞间隙缓慢放电，形成"电感放电"，又称"火花尾"。其特点是放电时间较长，放电电流较小，放电电压较低。实验证明，电感放电的持续时间越长，点火性能越好。

以上为传统点火系的工作过程，当发动机完成一个工作循环，点火系统按点火顺序各缸轮流点火一次。

5.1.4　电子点火系统的组成和工作原理

电子点火系统作为第三代点火装置，它具有次级上升速度更高，点火能量大，对火花塞积炭不敏感，高速点火可靠等优点，使发动机燃烧更充分、工作更可靠，同时还对降低燃料的消耗、改善排放污染起到了积极的作用。

普通点电子点火系一般由点火信号发生器、电子点火器、配电器、点火线圈、火花塞等主要部件组成，如图 5.4 所示。其基本工作原理如图 5.5 所示：转动的分电器根据发动机做功的需要，使点火信号发生器产生某种形式的电压信号（有模拟信号和数字信号两种），该电压信号经电子点火器大功率晶体管前置电路的放大、整形等处理后，控制串联于点火线圈初级回路的大功率晶体管的导通和截止。大功率晶体管导通时，点火线圈初级通路，点火系统储能；大功率晶体管截止时，点火线圈初级断路，次级绕组便产生高压电。

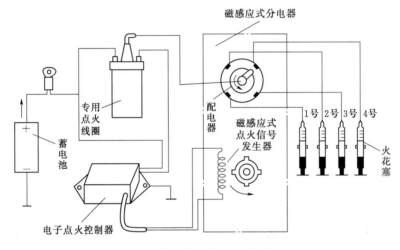

图 5.4　无触点式电子点火系统的组成

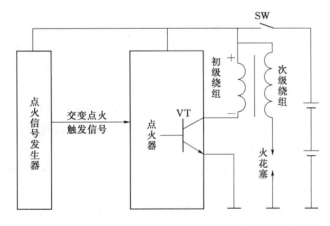

图 5.5　电子点火系统的基本工作原理

下面将按磁脉冲式、霍尔效应式、光电式三种不同的点火信号来阐述普通型电子点火系统的工作过程。

1. 磁脉冲式电子点火装置的工作过程

图 5.6 是丰田汽车常用的磁脉冲式无触点电子点火装置。它由点火信号发生器、电子点火器、分电器、点火线圈、火花塞等组成。

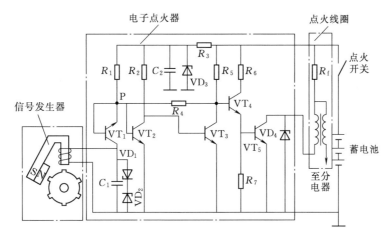

图 5.6   磁脉冲式电子点火装置

（1）磁脉冲式点火信号发生器的工作原理。图 5.6 为磁脉冲式信号发生器的工作原理图。信号转子上有与发动机的气缸数相同凸齿。永久磁铁的磁通经信号转子凸齿、线圈铁芯构成回路。当信号转子由分电器轴带动旋转时，转子凸齿与线圈铁芯间的空气间隙将发生变化，磁路的磁阻随之改变，使通过线圈的磁通量发生变化，因而在线圈内感应出交变电动势，如图 5.7 所示。

磁脉冲式点火信号发生器具有点火信号电压的大小随发动机转速的变化而变化的特点。发动机转速升高时，点火信号发生器磁路的磁阻变化速率提高，相应磁通量的变化速率也提高，传感线圈产生的信号电压也就随之增大。

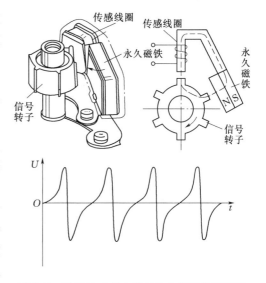

图 5.7   磁脉冲式点火信号发生器工作原理图

（2）电子点火器的工作原理。电子点火器的工作原理如图 5.6 所示。接通点火开关时，蓄电池的电压使 VT_1 导通，其直流电路为：蓄电池（或发电机）正极→点火开关→R_3→R_1→VT_1→信号线圈→搭铁→蓄电池（或发电机）负极构成回路。

当点火信号发生器产生正向脉冲时，信号电压与 VT_1 的正向电压降叠加后，高于 VT_2 的导通电压，VT_2 导通。VT_2 的导通使 VT_3 的基极电位下降而截止，VT_3 的截止使

107

VT_4 的基极电位上升而导通、VT_5 因 R_7 的正向偏置而导通。于是初级电流回路为：蓄电池（或发电机）正极→点火形状→点火线圈附加电阻 R_f →点火线圈初级绕组→VT_5 →搭铁→蓄电池（或发电机）负极构成回路，点火线圈储能。

当点火信号发生器产生反向脉冲时，信号电压与 VT_1 的正向电压降叠加后，使 VT_2 的基极电位降低，VT_2 截止。VT_2 的截止使 VT_3 的基极电位上升而导通，VT_3 的导通使 VT_4 的基极电位下降而截止，晶体管 VT_5 没有正向偏置电压而截止。于是初级电流被切断，在次级绕组中产生高压，经配电器按点火次序分配到各缸火花塞点火，点燃可燃混合气使发动机做功。

电路中三极管 VT_1 的基极和发射极相连，相当于发射极为正、集电极为负的二极管，起温度补偿作用。其原理如下：当温度升高时，VT_2 的导通电压会降低，使 VT_2 提前导通而滞后截止，从而导致点火推迟；VT_1 与 VT_2 的型号相同，具有同样的温度特性系数，故在温度升高时，VT_1 的正向导通电压也会降低，使 P 点电位 U_P 下降，正好补偿了温度升高对 VT_2 工作电位的影响，而使 VT_2 的导通和截止时间与常温时相同。

电路是其他元件的作用是：R_3、VD_3 为电源稳压电路，使 VT_2 导通时不受电源系电压波动的影响；VD_1、VD_2 为信号稳压，削平高速时感应线圈产生的峰值电压；VD_4 的作用是防止初级电流被切断时产生的高压击穿 VT_5；C_1 是信号滤波，C_2 是电源滤波；R_4 为正向反馈电阻，起加速 VT_2 的导通和截止。

2. 霍尔效应式电子点火装置工作过程

（1）霍尔效应式点火信号发生器的工作原理。霍尔信号发生器正是利用霍尔现象来产生点火信号的。霍尔式信号发生器的结构组成如图 5.8（a）所示，其工作原理如图 5.8（b）、（c）所示。

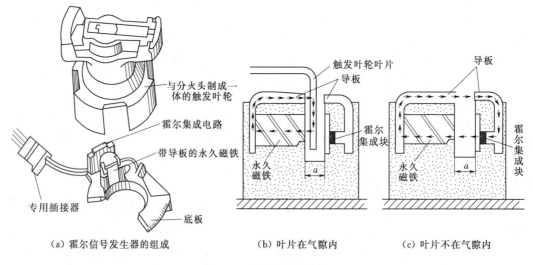

（a）霍尔信号发生器的组成　　（b）叶片在气隙内　　（c）叶片不在气隙内

图 5.8　霍尔信号发生器

在与分火头制成一体的触发叶轮的四周，均布着与发动机气缸数相同的缺口，当触发叶轮由分电器轴带着转动，转到触发叶轮的本体（没有缺口的地方）对着装有霍尔集成块的地方时（叶片在气隙内），通过霍尔集成块的磁路被触发叶轮短路，如图 5.8（b）所示，此时霍尔集成块中没有磁场通过，不会产生霍尔电压；当触发叶轮转到其缺口对着装有霍尔集成块的地方时（叶片不在气隙内），永久磁铁所产生的磁场，在导板的引导下，垂直穿过通电的霍尔集成块，于是在霍尔集成块的横向侧面产生一个霍尔电压 U_H，但这个霍尔电压 U_H 是 mA 级，信号很微弱，还需要进行信号处理，这一任务由集成电路完成。这样霍尔元件产生的霍尔电压 U_H 信号，经过放大、脉冲整形，最后以整齐的矩形脉冲（方波）信号 U_g 输出，如图 5.9 所示。

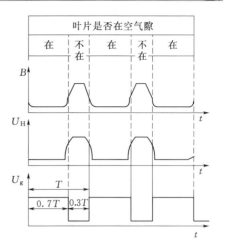

图 5.9 霍尔信号发生器的输出信号

（2）霍尔式电子点火器的工作原理。霍尔式电子点火器一般多由专用点火集成块 IC 和一些外围电路组成，比较接近微机控制的点火系统（但还是有根本的区别）。除了具有控制点火线圈初级电流的通断外，还具有其他辅助控制，如限流控制、停车断电保护等功能。这使该点火系统显示出更多的优越性，如点火能量高，在发动机转速范围内基本保持恒定，高速不断火，低速耗能少，启动可靠等。图 5.10 为霍尔式点火装置的工作电路，其电子点火器的基本工作过程如下：

接通点火开关，发动机转动，当霍尔信号发生器输出信号 U_g 为高电位，该信号通过点火器插座⑥端子和③端子进入点火器。此时，点火器通过内部电路，驱动点火器大功率晶体 VT 导通，接通初级电路。其电路是：蓄电池（或发电机）"+"极→点火开关→点火线圈初级绕组 N_1→点火器大功率晶体管 VT→反馈电阻 R_s→搭铁→蓄电池（或发电机）"−"极。

当霍尔信号发生器输出信号 U_g 下跳为低电位时，点火器大功率晶体 VT 立即截止，

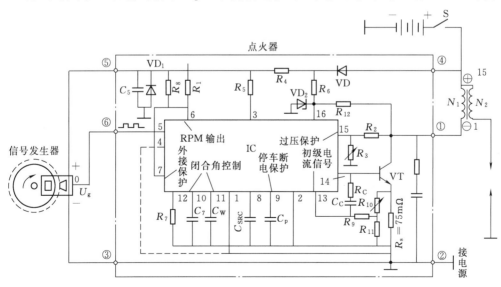

图 5.10 霍尔式点火装置工作电路

切断点火线圈初级电路，次级绕组产生高压电。

霍尔式点火装置的其他辅助控制的工作过程如下：

1）初级电流的恒流控制。正如传统点火装置中的附加电阻的功能一样，电子点火装置更需要对点火线圈的初级电流进行恒流控制。这是因为电子点火装置中控制初级电流的晶体管的开关频率比传统点火装置中断电器的触点要快得多，相对来说，触点闭合的时间延长的。加上为保证在任何工况下（特别是高转速时）都能实现稳定的高能点火，电子点火装置匹配的多是专用的高能点火线圈，且其初级绕组的电阻 R_1、电感 L_1 都比较小，初级电流的稳定值比较大。如果不加控制的接通状态下，一般初级电流可达 $20 \sim 30A$。在低转速时，长时间通过大电流，不仅浪费电能，还会降低点火线圈和点火器的使用寿命。因此，在电子点火装置中也应用了限流控制装置，如图 5.11 所示，其工作

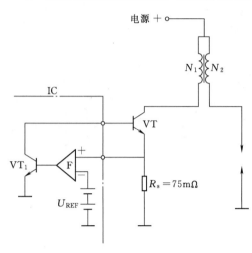

图 5.11　电子点火装置中的恒流控制

过程是：大功率晶体管饱和导通时，初级电流就会逐渐增大，当初级电流上升到限流值时，取样电阻 R_s 上的电压值也达到规定值。该电压信号送入 IC 电路中放大器 F 的 "＋" 端，且该电压信号高于放大器 "－" 端设置的基准参考电压 U_{REF}，放大器 F 输出端电位升高，使三极管 VT_1 更加导通，这样大功率晶体管 VT 集电极电位下降，而向截止区偏移、流过 VT 管的初级电流下降。

当初级电流略低于限流值时，则 R_s 上的电压值低于基准参考电压 U_{REF}，放大器 F 输出端电位下降，VT_1 趋于截止，VT 集电极电位升高，使 VT 向饱和导通偏移，VT 更加导通，初级电流再度增大。如此循环反馈并以极高的频率进行控制，使初级电流稳定在某一定值上（一般为 7A）。

2）闭合角控制。闭合角是指传统点火系中断电器的触点闭合时相对曲轴的转角。断电器的触点闭合，初级电路被接通，初级电流逐步增长。在传统点火系中，闭合角的概念也可以理解为初级电路通电时间长短。所以闭合角的控制也就是初级电路通电时间长短的控制（这是因为在触点刚闭合的瞬间，初级电流为零，要等一段时间后，初级电流才能达到某一恒定值）。在电子点火装置中因没有断电器触点，也就没有触点闭合或断开之说。其初级电流的通断是利用大功率晶体管的开关作用来实现控制的。闭合角控制只是人们的一种习惯说法，对电子点火装置而言，其含义是指初级电流通电时间与时刻的控制。

在传统点火系中，初级电流通电时间长短是由发动机的气缸数、发动机的转速、断电器触点间隙等多因素决定的，根本就无法来实现控制；而其断电时刻是由点火提前角决定的。

在电子点火装置中，由于晶体管的开关频率快，与相助气缸数及发动机转速的传统点

火系相比，大大地延长了初级电路导通的时间，使得初级电流有足够的时间来增长到某一恒定值。从另外一个角度来讲，这种除了保证初级电流能达到某一恒定值之外而富余的时间，将使点火线圈因通电时间长发热而性能下降、使用寿命降低。如果实现对初级电流通电时间与时刻的控制，将使点火线圈的性能与使用寿命得到进一步的改善。

电子点火装置中闭合角控制原理如图 5.12 所示。图 5.12（a）为不同转速下加在点火器上的信号电压 U_g 与时间的关系，T 为点火信号电压的周期；图 5.12（b）为不同转速下没有闭合角控制时点火线圈初级电流与时间的关系，t_b 为初级电路接通后的通电时间，t_1 为初级电流达到某一恒定值的必须时间，t_2 为初级电流达到某一恒定值后的富余时间；图 5.12（c）为不同转速下有闭合角控制时点火线圈初级电流与时间的关系，t_3 为稳定初级电流在某一恒定值的保守时间，Δt 为相同转速情况下与无闭合角控制相比，初级电路接通的滞后时间。

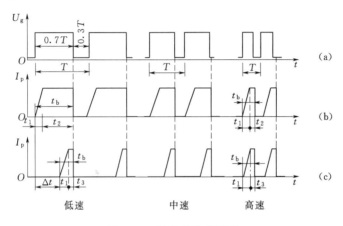

图 5.12　闭合角控制原理

从图 5.12 可以看出，与无闭合角控制的电子点火系统相比，有闭合角控制的电子点火系统缩短了点火线圈的有效工作时间，从而使点火线圈的性能与使用寿命得到进一步的改善。

3）停车断路保护。具有停车保护作用的电子点火系统的工作波形如图 5.13 所示。当发动机熄火而点火开关处于"ON"位置时，点火信号发生器因停车后长时间不能发出点火（切断初级电流）信号，而使初级电路处于长时间的接通状态。设置停车保护装置后，当初级电路接通时间大于某一设定时间 T_P 时，停

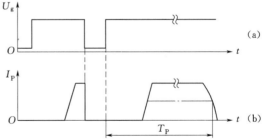

图 5.13　停车保护装置的工作波形示意图

车保护装置将发出信号，切断点火线圈的初级电流，使点火线圈得到保护。

3. 光电式电子点火装置

光电式电子点火装置采用的是光电式电子点火信号发生器，其结构组成如图 5.14 所示。

安装有分电器轴上的遮光盘上，开有与发动机气缸数相同的缺口，在遮光盘的上下两面分别装有发光二极管和光敏三极管，如图5.15所示。工作时遮光盘随分电器轴一起转动，当遮光盘遮住了发光二极管发出的光线而光敏三极管感受不到光线时，光敏三极管截止；当遮光盘的缺口转到装有光电元件的位置时，光敏三极管感受到发光二极管发出的光照时，光敏三极管导通，产生点火信号电压，输出到点火模块。点火模块根据该信号控制点火线圈初级电流的通断来产生次级电压。

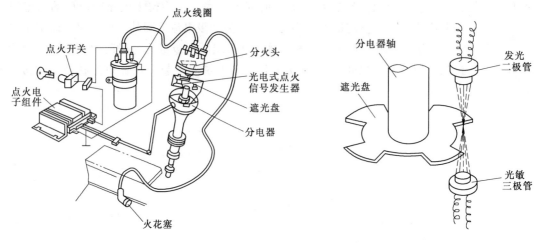

图 5.14 光电式电子点火装置的组成　　　　图 5.15 光电式信号发生器的工作原理

光电式电子点火装置的工作原理如图5.16所示。当光敏三极管 V 受光导通时，三极管 VT_1 获得正向偏压而导通。VT_1 导通后为 VT_2 提供正向偏压 U_{R4}，使 VT_2 导通。VT_2 导通后，VT_3 处于截止状态。功率三极管 VT 获得正向偏压 U_{R6} 导通，从而使点火线圈初级绕组通电；当光敏三极管 V 失光时，由导通转为截止，VT_1 失去基极电流由导通转为截止，VT_2 也截止，VT_3 因获得正偏由截止转为导通。VT 失去正向偏压 U_{R6} 则由导通转为截止，点火线圈初级绕组断电，在点火线圈次级绕组产生高压，经配电器分送至各缸火花塞。

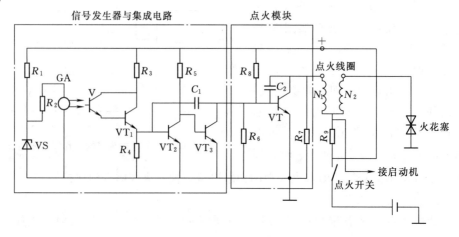

图 5.16 光电式电子点火装置工作原理图

其他元件的作用：稳压二极管 VS 用以保证发光二极管 GA 获得稳定的工作电压。电容 C_1 为正反馈电路，用以提高功率管 VT 的开关速度，减少功率损耗，防止发热。电阻 R_7 用以保护功率三极管 VT。当 VT 由导通转为截止时，在次级绕组 N_2 产生次级电压的同时，初级绕组也产生 300V 左右的自感电动势，R_7 可为其提供回路，防止 VT 被击穿损坏。电阻及 R_8 与电容 C_2 也具有 R_7 的作用，同时 C_2 还具有滤波功能。电阻 R_9 为点火线圈的附加电阻。

【实操任务单】

<table>
<tr><td colspan="4" align="center">点火系统认知作业工单</td></tr>
<tr><td colspan="4" align="center">班级：＿＿＿＿　组别：＿＿＿＿　姓名：＿＿＿＿　指导教师：＿＿＿＿</td></tr>
<tr><td>整车型号</td><td colspan="3"></td></tr>
<tr><td>车辆识别代码</td><td colspan="3"></td></tr>
<tr><td>发动机型号</td><td colspan="3"></td></tr>
<tr><td align="center">任务</td><td colspan="2" align="center">作业记录内容</td><td align="center">备注</td></tr>
<tr><td>一、前期准备</td><td colspan="2">正确组装三件套（方向盘套、座椅套、换挡手柄套）、翼子板布和前格栅布。□
工位卫生清理干净。□</td><td>环车检查车身状况</td></tr>
<tr><td>二、点火系统概况</td><td colspan="2">1. 点火系统的组成：＿＿＿＿＿＿＿＿＿＿＿＿＿
＿＿＿＿＿＿＿＿＿＿＿＿＿＿＿＿＿＿＿＿＿＿＿
＿＿＿＿＿＿＿＿＿＿＿＿＿＿＿＿＿＿＿。□
2. 点火系统的类型：＿＿＿＿＿＿＿＿＿＿＿。□
3. 采用＿＿＿＿＿＿＿＿＿缸点火，高压线圈安装在
＿＿＿＿＿＿＿＿＿＿＿＿＿＿＿＿＿＿＿＿。□</td><td></td></tr>
<tr><td>三、点火系统连线示意图</td><td colspan="2"></td><td></td></tr>
<tr><td>四、竣工检查</td><td colspan="2">汽车整体检查（复检）。□
整个过程按 6S 管理要求实施。□</td><td></td></tr>
</table>

思　考　题

1. 传统点火系统由哪几部分组成？
2. 电子点火系统由哪些元件组成？
3. 电子点火系统的电火花是如何产生的？

任务 5.2 火花塞的更换与检查

【学习目标】

知识目标：

(1) 了解火花塞的结构。

(2) 了解火花塞的型号及类型。

能力目标：

(1) 掌握火花塞的选用。

(2) 掌握火花塞的更换及检查。

【相关知识】

火花塞的工作条件极其恶劣，它要受到高压、高温以及燃烧产物的强烈腐蚀。因此要求火花塞必须具有足够的机械强度、能够承受冲击性高压电的作用、能承受剧烈的温度变化且具有良好的热特性，并要求火花塞的材料能抵抗燃气的腐蚀。

5.2.1 火花塞的结构

火花塞的结构如图 5.17 所示。在钢制壳体的内部固定有高氧化铝陶瓷绝缘体，使中心电极与侧电极之间保持足够的绝缘强度。绝缘体内的上部装有导电金属杆，通过接线螺母与高压导线相连，下部装有中心电极。导电金属杆与中心电极之间用导电玻璃密封。中心电极用镍锰合金制成，具有良好的耐高温、耐腐蚀和导电性能。火花塞两电极间隙一般为 1.0～1.2mm。壳体下部的螺纹与气缸盖螺纹端面结合处配有密封垫圈，保证壳体与缸盖之间密封良好。

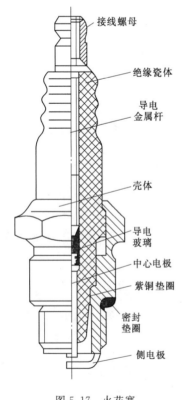

图 5.17 火花塞

5.2.2 火花塞的型号与类型

根据 ZBT 37003—89《火花塞产品型号编制方法》的规定，火花塞型号由三部分组成：

第 1 部分为字母，表示火花塞的型式及规格参数，见表 5.2。

第 2 部分为阿拉伯数字，表示火花塞热值，见表 5.3。

火花塞的发火部位吸热并传递给发动机的性能，称为火花塞的热特性。实践证明，当火花塞绝缘体裙部的温度保持在 500～600℃时，落在绝缘体上的油滴能立即烧去，不形成积炭，这个温度称为火花塞的自洁温度。低于这个温度时，火花塞常因产生积炭而漏电，导致不点火；高于这个温度时，则当混合气与炽热的绝缘体接触时，可能早燃而引起爆燃，甚至在进气行程中燃烧，产生回火现象。

图中标注：接线螺母、绝缘瓷体、导电金属杆、壳体、导电玻璃、中心电极、紫铜垫圈、密封垫圈、侧电极

表 5.2　　　　　　　　　　　　　　　火花塞的型式及规格参数

字母	螺纹规格	安装座型式	螺纹旋合长度	壳体六角对边
A	M10×1	平座	12.7	16
C	M12×1.25	平座	12.7	17.5
D		平座	19	17.5
E	M14×1.25	平座	12.7	20.8
F		平座	19	20.8
(C)		平座	9.5	20.8
(H)		平座	11	20.8
(Z)		平座	11	19
J		平座	12.7	16
K		平座	19	16
L		矮型平座	9.5	19
(M)		矮型平座	11	19
N		矮型平座	7.8	19
P		锥座	11.2	16
Q		锥座	17.5	16
R	M18×1.5	平座	12	20.8
S		平座	19	(22)
T		锥座	10.9	20.8

表 5.3　　　　　　　　　　　　　火花塞的热特性参数

热值代号	3	4	5	6	7	8	9
裙部长度/mm	15.5	13.5	11.5	9.5	7.5	5.5	3.5
热特性	热型←	——————中型————			————→冷型		

　　火花塞的热特性主要取决于绝缘体裙部的长度。绝缘体裙部长的火花塞，受热面积大，传热距离长，散热困难，裙部温度高，称为热型火花塞，适用于低速、低压缩比、小功率发动机；反之，裙部短的火花塞，受热面积小，传热距离短，容易散热，裙部温度低，称为冷型火花塞，适用于高速、高压缩比、大功率发动机。

　　第 3 部分为汉语拼音字母，结构特性见表 5.4，其常见的结构形式如图 5.18 所示。

表 5.4　　　　　　　　　　　　　火花塞电极的特征参数

字母	含义	字母	含义	字母	含义
	标准型	H	环状电极型	U	电极缩入型
B	半导体型	J	多电极型	V	V 形
C	镍铜复合电极	R	电阻型	Y	沿面跳火型
F	非标准型	P	屏蔽型		
G	贵金属	T	绝缘体突出型		

    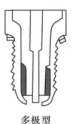 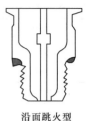

| 标准型 | 绝缘突出型 | 细电极型 | 锥座型 | 多极型 | 沿面跳火型 |

图 5.18　火花塞电极结构形式

5.2.3　火花塞的更换及检查

火花塞更换及检查过程中的注意事项如下：

（1）将火花塞上的高压分线依次拆下，并在原始位置做上标记，以免安装错位。在拆卸中注意事先清除火花塞孔处的灰尘及杂物，以防止杂物落入气缸。拆卸时用火花塞套筒套牢火花塞，转动套筒将其卸下，并依次排好。

（2）火花塞的电极正常颜色为灰白色，如电极烧黑并附有积炭，则说明存在故障。检查时可将火花塞与缸体导通，用中央高压线触接火花塞的接线柱，然后打开点火开关，观察高压电跳位置。如电跳位置在火花塞间隙，则说明火花塞作用良好。

（3）各种车型的火花塞间隙均有差异，一般应为 0.9～1.2mm，检查间隙大小，可用火花塞量规或薄的金属片进行。如间隙过大，可用起子柄轻轻敲打外电极，使其间隙正常；间隙过小时，则可利用起子或金属片插入电极向外扳动。

（4）火花塞属易消耗件，一般行驶 20000～30000km 即应更换。火花塞更换的标志是不跳火，或电极放电部分因烧蚀而成圆形。另外，如在使用中发现火花塞经常积炭、断火，一般是因为火花塞太冷，需换用热型火花塞；若有炽热点火现象或气缸中发出冲击声，则需选用冷型火花塞。

火花塞的更换步骤见表 5.5。

表 5.5　　　　　　　　　　　　火 花 塞 的 更 换 步 骤

步骤一、关闭点火开关，断开电瓶负极	步骤二、拆卸发动机罩盖

续表

步骤三、挑开点火线圈线束卡子	步骤四、用拔出器拉出点火线圈

步骤五、选择合适火花塞套筒旋松火花塞，并取出火花塞	步骤六、沿套管壁放入火花塞，并以 30N·m 旋紧火花塞

步骤七、压入点火线圈	步骤八、装复线束卡子，发动机罩盖，启动着车

【实操任务单】

火花塞更换作业工单
班级：_____　组别：_____　姓名：_____　指导教师：_____

整车型号	
车辆识别代码	
发动机型号	

续表

任务	作业记录内容	备注
一、前期准备	正确组装三件套（方向盘套、座椅套、换挡手柄套）、翼子板布和前格栅布。□ 工位卫生清理干净。□	环车检查 车身状况
二、操作步骤	1. 关闭点火开关，打开发动机舱盖，拆除附件。 2. 清洁点火线圈周围。 3. 断开点火线圈连接插头。 4. 拉出点火线圈。 5. 采用合适套筒旋松火花塞，使用吸棒取出火花塞。 6. 该火花塞品牌为 ____，型号为 ____，火花塞间隙为_____。 7. 将火花塞沿孔壁轻轻送入火花塞孔内。切不可让火花塞自由落入，以防损坏电极和陶瓷体。 8. 选用套筒扳手，按标准力矩_____ N·m 拧紧火花塞。 9. 插入各缸点火线圈并插上连接插头。 10. 安装附件，检查清理。 11. 启动着车，试车，检查发动机工作情况。	
三、竣工检查	将工具及物品摆放归位。□ 汽车整体检查（复检）。□ 整个过程按 6S 管理要求实施。□	

思　考　题

1. 火花塞有哪些类型，应如何选用？
2. 火花塞电极间隙大小有何影响？

任务 5.3　点火线圈的检测与更换

【学习目标】

知识目标：

（1）了解点火线圈的结构。

（2）了解点火线圈的工作原理。

能力目标：

（1）掌握点火线圈的检测。

（2）掌握点火线圈的更换。

【相关知识】

5.3.1　点火线圈结构

点火线圈的作用是将 12V 低压电转变成 15～20kV 高压电，其结构与自耦变压器相似，利用电磁理论，在初级线圈断电后磁场会迅速减弱，使磁通量增大，同时在次级线圈中感生出一个足够能量的高压电，如图 5.19 所示。

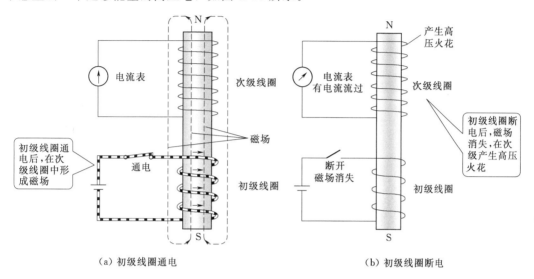

（a）初级线圈通电　　　　　　　　　　　　　（b）初级线圈断电

图 5.19　点火线圈工作原理

由初级绕组、次级绕组和铁芯等组成，如图 5.20 所示。按磁路的结构形式不同，可分为开磁路式点火线圈和闭磁路式点火线圈，如图 5.21 所示。

1. 开磁路式点火线圈

常见的开磁路式点火线圈，如图 5.22 所示。有二接柱式（不带附加电阻）和三接柱式之分。

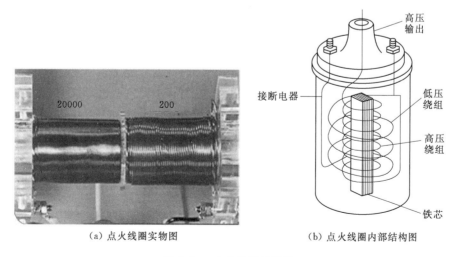

（a）点火线圈实物图　　　　　　　　　　　　（b）点火线圈内部结构图

图 5.20　点火线圈的结构

（a）开磁路线圈

（b）闭磁路线圈

图 5.21　两种类型点火线圈实物

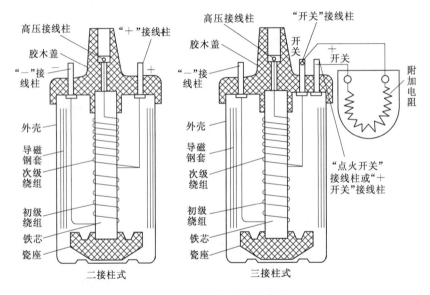

二接柱式　　　　　　　三接柱式

图 5.22　开磁路式点火线圈

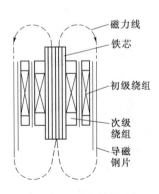

图 5.23　点火线圈内部
结构示意图

点火线圈的中心是用硅钢片叠成的铁芯，由于铁芯没有构成闭合回路，因此称为开磁路点火线圈。在铁芯外面套上绝缘的纸板套管，纸质套管上绕有直径为 0.06～0.10mm、11000～23000 匝的次级绕组；初级绕组用直径为 0.5～1.0mm、绕 230～370 匝的高强漆包线，绕在次级绕组的外面，以利于散热，如图 5.23 所示。绕组和外壳之间装有导磁钢套，底部有瓷质绝缘支座，上部有绝缘盖，外壳内充满沥青或变压器油等绝缘物，加强绝缘并防止潮气侵入。

三接线柱式与二接柱式点火线圈的区别在于三接柱式带附加电阻，而二接柱式不带附加电阻。三接柱式点火线圈的绝缘盖上有"－""开关""＋开关"三个接柱，分别接断电器、启动机附加电阻短路接柱、点火开关"IG"接柱或 15 接柱。附加电阻接在标有"开关"和"＋开关"的两接柱上，与点火线圈的初级绕组串联。

附加电阻是为改善点火性能，在应用开磁路点火线圈的点火系统初级电路中设有，它温度升高，附加电阻阻值增大。当点火线圈温度高时，可减小初级电流，防止点火线圈过热。同时，在启动机启动发动机时，利用启动电路将附加电阻短路，增大初级电流，提高次级电压，有利于发动机启动。

由于开磁路点火线圈磁路磁阻大，磁通量泄露多，能量转换效率低，因此现已很少应用。

2. 闭磁路式点火线圈

闭磁路式点火线圈的结构如图 5.24 所示。有"口"字形和"日"字形之分。与开磁路式点火线圈不同的是铁芯内绕有初级绕组，而次级绕组绕在初级绕组外面。绕组在铁芯中的磁通，通过铁芯形成闭合磁路，故称为闭磁路式点火线圈。

此外，与开磁路式点火线圈相比，闭磁路式点火线圈具有漏磁少、转换效率高、体积小、质量轻、铁芯裸露易于散热等优点，目前已在电子点火系统中广泛采用。

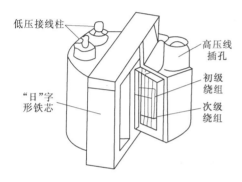

图 5.24　闭磁路式点火线圈

5.3.2　点火线圈的检测

1. 外部检查

检查点火线圈的外部，若绝缘盖破裂或外壳破裂，应更换新件。

2. 初级绕组、次级绕组的检查

（1）电阻的检测。用万用表分别测量点火线圈的初级绕组、次级绕组的电阻值，应符合标准值。电子点火系统的点火线圈为高能点火线圈，初级绕组的电阻一般较小，检测时刻参考维修手册。检查初级绕组电阻：用万用表电阻挡测量"＋"与"－"端子间的电阻，如图 5.25 所示；检查次级绕组电阻：用万用表电阻挡测量"＋"与中央高压端子间的电阻，如图 5.26 所示。朗逸轿车点火线圈初级绕组的电阻为 $0.52\sim0.76\Omega$，次级绕组的电阻为 $2.4\sim3.5\text{k}\Omega$。

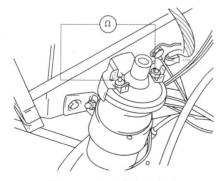

图 5.25　初级绕组的检查

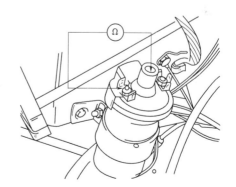

图 5.26　次级绕组的检查

（2）试灯检测：用 220V 交流电试灯，接在初级绕组的接线柱上，灯亮则表示无断路故障，否则便是断路。当检查绕组是否有搭铁故障时，可将试灯的一端与初级绕组相连，一端接外壳，如灯亮，便表示有搭铁故障；否则为良好。短路故障用试灯不易查出。对于次级绕组，因为它的一端接于高压插孔，另一端与初级绕组相连，所以检验中，当试灯的一个触针接高压插孔，另一触针接低压接柱时，若试灯发出亮光，说明有短路故障；若试灯暗红，说明无短路故障；若试灯根本不发红，则应注意观察，当将触针从接柱上移开时，看有无火花发生，如没有火花，说明绕组已断路。因为次级绕组和初级绕组是相通的，若次级绕组有搭铁故障，在检查初级绕组时就已反映出来了，无需检查。

3. 点火线圈发火强度检测

点火线圈发火强度检测就车进行，试验时，蓄电池必须电量充足，使发动机在一定转速下空转，拔下某缸火花塞的高压线，使其端头距缸体 5～6mm，若火花连续无间断，点火线圈性能良好，否则为性能不良。

5.3.3　点火线圈的更换

点火线圈的更换步骤见表 5.6。

表 5.6　　　　　　　　　　点火线圈的更换步骤

步骤一、关闭点火开关，断开电瓶负极	步骤二、拆卸发动机罩盖

步骤三、挑开点火线圈线束卡子	步骤四、用拔出器拉出点火线圈

步骤五、松开线束插头锁止装置并拔出插头	步骤六、将线束插头插入点火线圈直至听到嵌入声

【实操任务单】

点火线圈更换作业工单

班级：_____　组别：_____　姓名：_____　指导教师：_____

整车型号		
车辆识别代码		
发动机型号		
任务	作业记录内容	备注
一、前期准备	正确组装三件套（方向盘套、座椅套、换挡手柄套）、翼子板布和前格栅布。□ 工位卫生清理干净。□	环车检查 车身状况
二、点火线圈更换与检测过程	1. 关闭点火开关，打开发动机舱盖，拆除附件。 2. 用高压气体对点火线圈周围进行清洁。 3. 断开点火线圈插头。 4. 拉出各缸点火线圈。 5. 检查点火线圈外观：＿＿＿＿＿＿＿＿＿＿＿＿＿＿＿＿＿＿＿＿＿＿＿＿＿＿＿＿。□ 6. 该点火线圈初级绕组阻值为＿＿＿＿，次级绕组阻值为＿＿＿＿。□ 7. 压入点火线圈。 8. 接上点火线圈插头。 9. 安装附件，检查清理。 10. 启动着车，试车，检查发动机工作情况。	
三、竣工检查	将工具及物品摆放归位。□ 汽车整体检查（复检）。□ 整个过程按 6S 管理要求实施。□	

思　考　题

1. 点火线圈是如何工作的？
2. 如何理解点火线圈性能？

汽车照明与信号系统

【项目引入】

小白同学开始学习汽车照明与信号系统的知识，随着科技的发展，汽车行驶速度加快，为了行驶的安全和舒适，务必要有与之匹配的照明和信号系统来作为安全行驶的保障。面对较为复杂的信号与照明系统，小白同学该如何进行学习呢？

任务 6.1　照明与信号系统的基础知识

【学习目标】

知识目标：

（1）认识照明系统以及信号装置的组成。

（2）准确说出照明系统以及信号装置的功用。

能力目标：

能够快速辨别或找到汽车照明系统以及信号装置的每一个部件。

【相关知识】

为了保证汽车行驶的安全性，减少交通事故的发生，汽车上都装有多种照明系统和灯光信号系统，一般称之为汽车灯系，如图 6.1 所示。这个系统主要包括照明与标识信号两大部分。

图 6.1　汽车灯系

灯光系统有两种功能：一种是照明，另一种是装饰。汽车的灯光包括信号灯、夜行示宽灯、雾灯、夜行照明灯等，且各类灯光都有各自不同的用途。

（1）信号灯包括转向灯（双闪）和制动灯。正确使用信号灯对安全行车很重要。转向灯是在车辆转向时开启，断续闪亮，以提示前后左右的车辆和行人。制动灯亮度较强，用来告知后车，前车要减速或停车。

（2）夜行示宽灯，俗称"小灯"。此灯是用来在夜间显示车身宽度和长度的，起障碍警示作用。

（3）雾灯可以帮助驾驶员在雾天驾驶时提高能见度，并能保证对面来车时及时发现，以采取措施，安全会车。

（4）夜行照明灯，俗称"大灯"。大灯主要用于夜间行车道路照明，具有防眩目装置，避免夜间两车交会时造成对方驾驶员眩目而发生事故。另外，合理使用大灯应做到会车时变成近光，会车后及时变回远光以放远视线，弥补会车造成的视线不清。通过交叉路口和进行超车时应以变换远近光来提示。

6.1.1　汽车上的灯具

汽车上的灯光很多，包括照明灯光、信号灯光和装饰灯光。下面以上海大众朗逸为例对各种灯的安装位置和组合形式做以下说明。

1. 前部灯系

汽车前部灯系包括近光灯、远光

图 6.2　前部灯系

灯、行车灯（小灯）、转向灯和雾灯，其中近光灯、远光灯、行车灯（小灯）、转向灯通常是以组合大灯的形式存在，如图 6.2 所示。

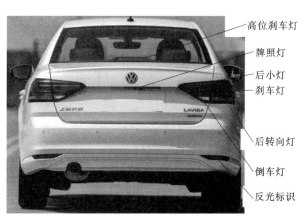

图 6.3　尾部灯系

2. 尾部灯系

汽车尾部灯系包括转向灯、倒车灯、行车灯（小灯）制动灯、后雾灯、牌照灯和高位刹车灯，其中转向灯、倒车灯、行车灯（小灯）制动灯、后雾灯通常是以组合灯的形式出现，如图 6.3 所示。

3. 汽车上的内部照明灯

如图 6.4 所示，汽车上的内部照明灯主要有顶灯、仪表灯、门灯、阅读灯、行李箱灯、踏步灯等。汽车内部灯具一般用来为驾驶员及乘客提供有效照明及警示信号。

6.1.2　汽车上的灯光开关

汽车的品牌众多、款式众多，其灯光开关也是多种多样，灯光开关主要有拉杆开关、旋转式开关、按键式和组合式等多种形式，而且通常情况下也是以一体式组合开关的形式

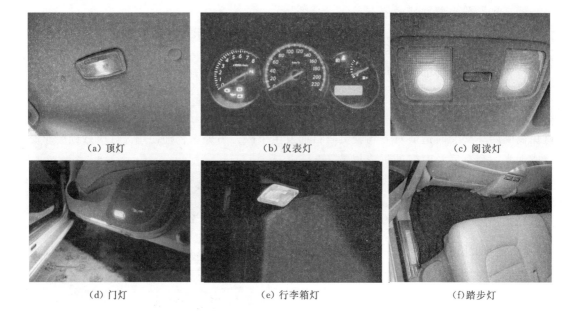

(a) 顶灯   (b) 仪表灯   (c) 阅读灯

(d) 门灯   (e) 行李箱灯   (f) 踏步灯

图 6.4　汽车内部照明灯

存在。

　　一体式组合灯光开关设计（图 6.5）多用于欧洲车系外的乘用车上，安装在转向盘下方，设计人性化，更便于操作。它可以控制除危险警告灯、制动信号灯、室内照明灯外的所有灯光电路，如左右转向灯、行车灯、雾灯、前大灯等。转向灯开关开关在转向盘回正时可以自动回位，但如果转向角度不够，则不会自动回位。

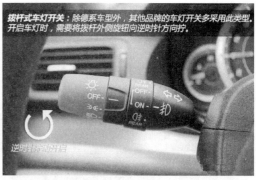

图 6.5　一体式组合灯光开关

　　欧洲汽车特别是德系车则习惯将大灯开关与变光开关分开设计（图 6.6），它可以控制行车灯（示宽灯）、前大灯、雾灯。顺时针转动开关至行车灯（示宽灯）或前大灯的标识，会点亮相应的灯光。其中雾灯的开启则分为两种情况，图 6.6（a）中的雾灯开关通过相应的按键开关控制，而图 6.6（b）中的雾灯开关则在任意灯光挡位向外接一挡为前雾灯，向外拉二挡则为前后雾灯都开，如图 6.7 所示。

　　除了以上的灯光控制开关外，还有危险警告灯开关。危险报警闪光灯，通常称为"双

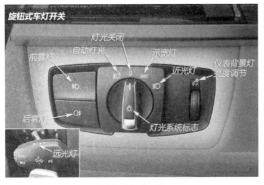

（a）旋转式灯光开关1

（b）旋转式灯光开关2

图 6.6 与变光开关分体设计的旋转式灯光开关

图 6.7 大众车系分体开关上雾灯的开启方法

闪"（左、右转向灯同时点亮并闪烁），是在车辆紧急停车或驻车时，显示车辆位置，提醒其他车辆与行人注意本车发生了特殊情况的信号灯。它的控制开关一般安装在仪表台的中央（图 6.8），是一个红三角标志按钮开关。

6.1.3 前大灯继电器及闪光器

1. 前大灯继电器

前大灯的工作电流较大，特别是四灯制前大灯。若用车灯开关直接控制前大灯，

图 6.8 危险警告灯开关

车灯开关易烧坏，因此在电路中设有灯光继电器。图 6.9 所示为触点为常开式前照灯继电器的结构和引线端子，端子 SW 与前照灯开关相连，端子 E 接地，端子 B 与电源相连，端子 L 与变光开关相连。当接通前照灯开关后，继电器铁芯通电，触点闭合，通过变光开关向前照灯供电。

2. 闪光器

闪光器是使转向信号灯按一定时间间隔闪烁的器件，目前使用的闪光器主要有电热式、电容式、电子式，如图 6.10 所示。电子式闪光器具有性能稳定、可靠性高、寿命长的特点，已获得广泛应用。电子闪光器可分为触点式（带继电器）和无触点式（不带继电

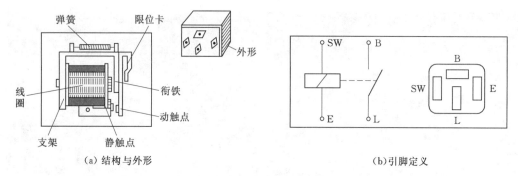

（a）结构与外形 　　　　　　　　　　　　（b）引脚定义

图6.9　触点为常开式前照灯继电器

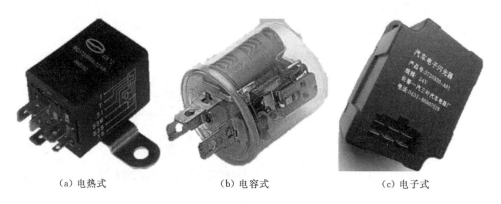

（a）电热式　　　　　　　（b）电容式　　　　　　　（c）电子式

图6.10　闪光器种类

器），不带继电器的电子闪光器又称为全电子闪光器。

6.1.4　倒车信号灯及其电路

汽车倒车时，为了警告车后的行人和驾驶员，也为了给该车驾驶员提供额外照明，使其能够在夜间倒车时看清车的后部。在汽车的后部常装有倒车灯、倒车蜂鸣器或语音倒车报警器，它均由装在变速器盖上的倒车开关自动控制。

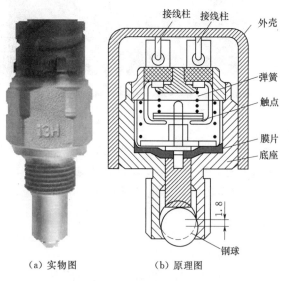

（a）实物图　　　（b）原理图

图6.11　倒车信号灯开关

1．倒车开关

倒车开关的结构如图6.11所示。当把变速杆拨至倒车挡时，由于倒车开关中的钢球被松开，在弹簧的作用下，触点闭合，于是倒车灯、倒车蜂鸣器或语音倒车报警器便与电源接通，使倒车灯发亮、蜂鸣器发出断续的鸣叫声，语音倒车报警器发出"请注意，倒车"的声音。

2．倒车蜂鸣器

倒车蜂鸣器是一种间歇发声的音

响装置，如图 6.12 所示。其发音部分是一只功率较小的电喇叭，控制电路是一个由无稳态电路和反相器组成的开关电路。

3. 语音倒车报警器

当汽车倒车时，语音倒车报警器能重复发出"请注意，倒车"的声音，以此提醒过往行人避开车辆而确保车辆安全倒车。常见的语音倒车报警器的电路，如图 6.13 所示。

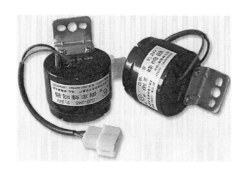

图 6.12　倒车蜂鸣器

图 6.13　倒车语音报警器

6.1.5　制动信号灯及其电路

制动信号装置主要由制动信号灯和制动信号灯开关组成。制动信号灯谷俗称为"刹车灯"，安装在车辆尾部，通常是以组合尾灯的形式存在。制动灯的作用是通知后面车辆该车正在制动，以避免后面车辆与其后部相撞。制动灯法定为红色，其灯泡功率一般为20～40W。制动信号灯由制动开关控制，因控制的方式不同，可分为气压式、液压式和机械式三种，轿车上一般采用机械式（图 6.14）。

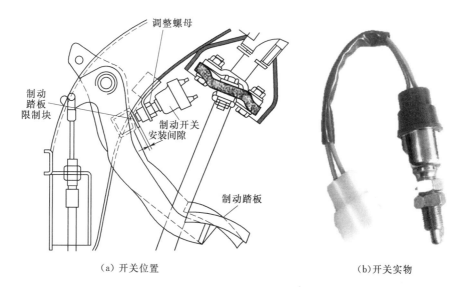

（a）开关位置　　　　　　　　　　　　　　（b）开关实物

图 6.14　制动信号灯开关

任务 6.2   前大灯灯泡的更换

【学习目标】

知识目标：

（1）认识前大灯的各部分结构。

（2）了解更换前大灯的步骤。

能力目标：

（1）能够独立更换前大灯。

（2）能够分辨出各种类型的汽车前大灯。

【相关知识】

汽车前大灯是夜间行车安全不可或缺的照明保障，它的照明效果直接影响着夜间交通安全，世界各国交通管理部门多以法律的形式规定了前大灯的照明标准，其基本要求如下：

（1）前大灯应能保证车前有明亮而又均匀的照明，使驾驶员能够看清车前 100m 内路面上的物体。

（2）前大灯应防止炫目，以避免夜间两车相会时，使对方驾驶员炫目而造成交通事故。

由于使用频繁所以损坏概率较大，要经常检查大灯是否工作正常，若大灯亮度不足或者不亮则要及时更换，特别是经常夜间行驶的车辆前大灯更是要及时更换。

6.2.1   前大灯的组成

前大灯由灯泡、反射镜和配光镜三部分组成，如图 6.15 所示。

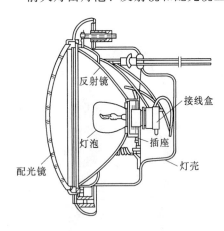

图 6.15   前大灯的组成

1. 灯泡

由于灯具设计的不同，现代轿车所使用的灯泡也不尽相同，灯泡的种类繁多，根据制作工艺和发光的原理大体可分为白炽灯、卤素灯、氙气灯和 LED 灯。其中白炽灯主要用于信号系统，如制动灯、转向灯、行车灯等，而汽车前大灯的灯泡主要有卤钨灯泡、氙气灯和 LED 灯等。

（1）充气灯泡（即白炽灯）［图 6.16（a）］。其灯丝用钨丝制成（钨的熔点高、发光强），但由于钨丝受热后会蒸发，将缩短灯泡的使用寿命。因此在制造时，要先从玻璃泡内抽出空气后，再充以约 86％的氩和 14％的氮的混合惰性气体。在充气灯泡内，惰性气体受热后膨胀会产生较大的压力，可减少钨的蒸发，故能提高灯丝的温度，增强发光效率，从而延长灯泡的使用寿命。但尽管有混合惰性气体的保护，但灯丝的钨质点仍然会蒸发，使灯丝损耗，而蒸发出来的钨沉积在灯泡上，会使灯泡发黑。

（2）卤钨灯泡（即卤素灯）［图 6.16 （b）］。卤素灯其实就是白炽灯的升级版，加入卤族元素的应用，能使得白炽灯的亮度提高 1.5 倍，同时使用寿命也是普通白炽灯的 2～3 倍。为了提高白炽灯的发光效率，必须提高钨丝的温度，但相应会造成钨的升华，并凝华在玻璃壳上使之发黑。在白炽灯中充入卤族元素或卤化物，利用卤钨循环的原理可以消除白炽灯的玻壳发黑现象，这就是卤素灯的来由。卤素灯的价位比较便宜，对于一些价位较低的经济性车型来说，对于造车成本的降低还是非常适用的。

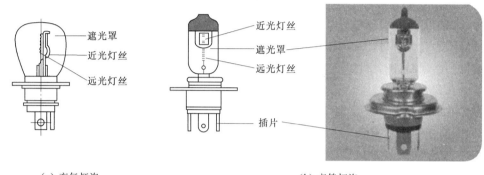

（a）充气灯泡　　　　　　　　　　（b）卤钨灯泡

图 6.16　充气灯泡和卤钨灯泡

（3）氙气灯（图 6.17）。氙气灯其实是一种含有氙气的新型大灯（图 6.4），又称高强度放电式气体灯，是目前高端车型中普遍采用的车灯形式，英文简称 HID。氙气灯打破了爱迪生发明的钨丝发光原理，在石英灯管内填充高压惰性气体—氙气，取代传统的灯丝，在两段电极上有水银和碳素化合物，透过安定器以 23000V 高压电流刺激氙气发光，在两极间形成完美的白色电弧，发出的光接近非常完美的太阳光。

另外使用氙气灯要加透镜，透镜的作用是将氙气大灯的散乱灯光汇聚成平行灯光，以获得更好的灯光指向性。由于氙气大灯亮度较高，如果不加装透镜很容易使灯光发散，影响行车安全。

图 6.17　氙气灯

图 6.18　LED 灯

（4）LED 灯（图 6.18）。除了上面我们介绍的大灯类型外，LED 大灯也越来越多的进入人们的视线中。如果不是特别了解汽车的朋友，听到 LED 可能更多想到的是漂亮的日间行车灯。其实这种拥有着诸多优点的光源，已经成为越来越多汽车前照灯照明的选择。相比起传统的卤素大灯、氙气大灯等，LED 大灯具有节能、亮度高、寿命长、发光单位小、造型丰富等。而且，由于 LED 大灯多数是由一系列的 LED 单元阵列组成，所以可以轻易地实现高度可调、自动远近光切换、随动转向、过弯补光辅助等一系列的智能照明功能。诸如奥迪、奔驰等豪华品牌的 LED 大灯，还具有自动分辨行人、路牌等进行亮度调节的功能，对安全性的提升大有裨益。

2. 反射镜

前照灯灯泡的光度不大，如果没有反射镜，驾驶人只能辨清车前 6m 处有无障碍物。反射镜的作用是最大限度地将灯泡发出的光线聚合成强光束，以增大照射距离。前照灯灯泡灯丝发出的光度有限，功率仅 40~60W。如图 6.19 所示，反射镜一般呈抛物面状，内表面镀铬、铝或银，然后抛光，目前多采用真空镀铝。

如图 6.20 所示，灯丝位于焦点 F 上，其大部分光线经反射后成为平行光束射向远方，光度增强几百倍，甚至上千倍，达 20000~40000cd 以上，从而使车前 150m，甚至 400m 内的路面照得足够清楚。

图 6.19 反射镜

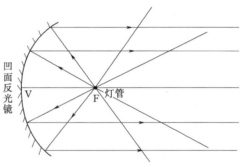

图 6.20 反射镜的聚光原理
（V 为反射面；F 为焦点）

3. 配光镜

配光镜又称为散光玻璃，是很多块特殊棱镜和透镜的组合，装于反射镜之前，其作用是将反射镜反射出的平行光束进行折射，使车前路面和路缘都有良好而均匀的照明，其形状根据车灯造型需要而形式多样，其中圆形和方形比较常见，如图 6.21 所示。近年来已开始使用塑料配光镜，其特点是质量轻且耐冲击性能好。

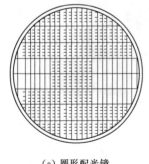

（a）圆形配光镜

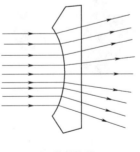

（b）散射情况

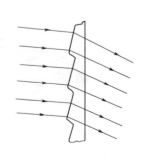

（c）折射情况

图 6.21 大灯透镜原理

6.2.2　汽车灯泡型号

汽车灯泡型号非常多，根据灯泡底座、接口和外形尺寸的不同分为 H 系列、自然色系列灯泡和彩色灯泡。H 系列中 H1、H3、H4、H7 系列灯泡用于前照灯，H8、H9、H10、H11、H12 系列单丝灯带有密封底座，用于前照近光及雾灯，如图 6.22 所示。

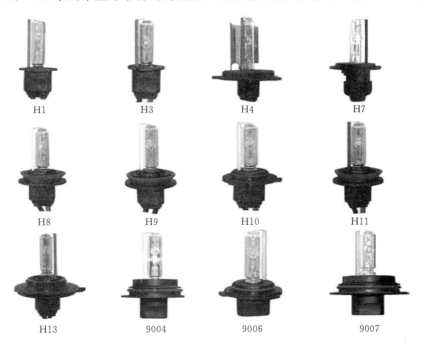

图 6.22　各种型号大灯

自然色系列灯泡（图 6.23）主要用于信号系统、仪表背景灯、照明及备用灯等。如 1156/1157 系列主要用于欧洲及亚洲车型上的转向灯、制动灯、备用灯等，168/194 系列用于侧面转向信号灯、仪表、时钟照明等，DE3200 系列主要用于车内照明、行李箱照明和牌照灯等，7440/7443 系列多应用在日本车系上，3156/3157 自然色系列主要用于美国车的信号系统；另外彩色灯泡主要用于日本或欧洲车型，在定购时色彩可由客户自行选择。

(a) 1156/1157 系列　　(b) 168/194 系列　　(c) DE3200 系列　　(d) 7440/7443 系列　　(e) 3156/3157 系列

图 6.23　自然色系列灯泡

在给汽车更换灯泡的时候，我们首先确定原车是用什么型号的灯泡，这时候我们可以从几个方面了解到：一是察看自己车上取下的灯泡，在灯泡底部会有具体的型号标注（图 6.24）；第二是翻看车辆保养手册，大部分车型保养手册的易损件列表里都有注明。

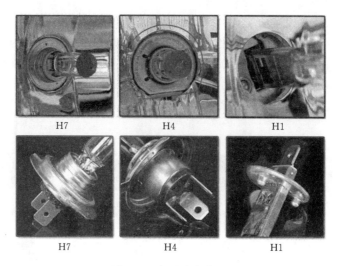

H7	H4	H1
H7	H4	H1

图 6.24 灯泡底部标识

6.2.3 氙气灯

氙气灯的全称是 HID（High Intensity Discharge Lamp）气体放电灯，应用到汽车上时其工作电压是 12V，工作时利用配套电子镇流器，将汽车电池 12V 电压瞬间提升到 23kV 以上的触发电压，将氙气大灯中的氙气电离形成电弧放电并使之稳定发光，提供稳定的汽车大灯照明系统。汽车氙气灯的瓦数为 35W 和 55W，绝大部分车用 35W，安装在近光灯上。

氙气灯是由灯头、电子镇流器及线组三部分组成，如图 6.25 所示。

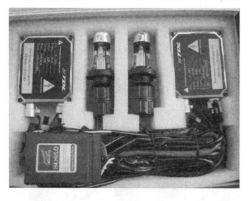

图 6.25 氙气灯的组成

1. 氙气灯的工作特性

（1）启动快。普通金属卤化物灯、长弧氙灯或低气压氙气灯等启动到稳定都要 15min 以上，而 HID 氙气灯的启动不到 0.001s，1s 内即可达到额定亮度的 85%，冷灯 10～20s 建立稳定，热灯几秒内建立稳定。

（2）应急性。由于氙气灯与卤素灯的发光原理不同，当蓄电池供电出现问题时，它会延长几秒才熄灭，以便让车主有一定的时间去处理紧急情况。

（3）电压适应范围宽。针对 12V 的汽车电源，灯的控制器电源电压适应范围为 9～16V，针对 24V 的汽车电源，灯的控制器电源电压适应范围为 18～32V，并且输出功率和灯的亮度不变。

（4）寿命长。由于 HID 氙气灯没有灯丝寿命问题，工作物质金属素化物是循环工作的，电极在工作中氧化还原也是循环的，因此寿命长是其主要特点之一。使用 2000h 后，发光强度已经减小 15%，仍具有 2700 流明以上的亮度，而使用到无效则近万小时，超过一般汽车报废期的总用灯时间，即与汽车具有相当的寿命。而通常卤素灯的寿命是连续工作 500h 左右。

2. 氙气灯使用的注意事项

不要频繁开关大灯，特别是安装于远光照明上的用户，因为氙气灯从点亮到稳定工作需要一定的时间（大概 5～10s），这是由于它本身发光原理特性所决定的。快速开关远光灯，会带来电压冲击，造成氙气灯系统中镇流器过电压甚至损坏，同时降低氙气灯的使用寿命。因此，一般不建议氙气灯用于远光上。另外，目前交管部门对汽车照明灯在功率有强制性规定前灯功率能超过 60W，信号灯瓦数与颜色也有限制，因此在换氙气灯时定要注意相关规定避免车辆年审过关

如果出现点灯不亮的情况，或者一只灯亮，请不要频繁开关直到点亮，因为并非 HID 系统损坏时才出现此种情况，可以每次间隔 5s 再点灯一次。出现点灯不亮的原因可能是 HID 系统在点亮的瞬间需要比较大的电流，而原车系统不能快速提供所需电流所致。原厂配备氙气灯的轿车，都在大灯电流供应上做过适应性设计，改装的没有，为方便改装，只使用原来的车灯线路。

6.2.4 更换灯泡

汽车的大灯灯泡都是有一定的使用年限，当使用时间长了以后，灯泡会发生老化和损坏的现象，所以大灯灯泡也需要定期更换。一般来说每行驶 5 万 km 或者 2 年左右，大灯灯泡的亮度就会减弱，此时最好到 4S 店进行一下检测，如果确实有亮度不足的情况，那么建议更换灯泡，推荐左右两边同时更换，以免出现两侧亮度不一样的情况。灯泡的更换步骤见表 6.1。

表 6.1　　　　　　　　　　　　　　灯泡的更换步骤

步骤一：找到大灯防尘罩以及大灯线路插头	步骤二：将灯泡的电源插口拔开
	拔出灯泡电源插口的时候，力度要适中，避免将插口接线弄松，或损坏灯泡插头。 
步骤三：拔开电源接口后，取下防水盖	步骤四：将灯泡从反射罩中取出
车灯防水盖的材质多为软胶，也有车型配备的是软塑料材质的防水盖并没有什么区别，只需稍稍用力，就能将防水盖掰下。 	取出灯泡时，需要用手指捏住两边的钢丝卡簧，待灯泡松开后，再往外抽出灯泡。 

续表

步骤五：将新灯泡放入反射罩	步骤六：重新盖上防水盖，将灯泡电源插上
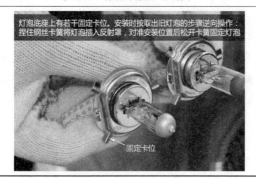	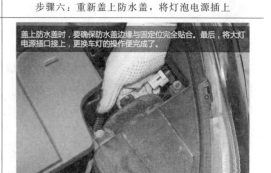

更换灯泡时的注意事项：

（1）开始更换之前保证车辆熄火，拔掉车钥匙，待发动机完全冷却之后方可动手。

（2）保证灯泡的电压和功率与原车一样，不要听信商家说瓦数增加亮度就增加的话，这样会让电流不稳定造成短路，轻则烧坏保险，重则车辆自燃。

（3）整个更换过程都戴手套操作，取下灯泡之后不能用手直接触摸灯泡玻璃。

（4）购买时不一定非要选择原厂灯泡品牌，只要符合国家 3C 认证标准的都可以使用。

【实操任务单】

<table>
<tr><td colspan="3">前大灯灯泡更换作业工单
班级：_____组别：_____姓名：_____指导教师：_____</td></tr>
<tr><td>整车型号</td><td colspan="2"></td></tr>
<tr><td>车辆识别代码</td><td colspan="2"></td></tr>
<tr><td>发动机型号</td><td colspan="2"></td></tr>
<tr><td>任务</td><td>作业记录内容</td><td>备注</td></tr>
<tr><td>一、前期准备</td><td>正确组装三件套（方向盘套、座椅套、换挡手柄套）、翼子板布和前格栅布。□
工位卫生清理干净。□</td><td>环车检查车身状况</td></tr>
<tr><td>二、操作步骤</td><td>1. 将车辆引入工位，清理工位卫生排除障碍物，准备好相关工具。□
2. 将车辆停驻在举升机平台位置。□
3. 拉紧驻车制动器，并将变速器至于＿＿＿挡位或＿＿＿挡，打开发动机舱。□</td><td></td></tr>
</table>

续表

| 二、操作步骤 | 4. 把护裙板粘贴在汽车翼子板上，要求把翼子板全覆盖。□
5. 安装方向盘、挂挡杆、座套和铺设地板护垫，其主要作用是＿＿＿＿＿＿＿＿。□
6. 拔掉大灯线路插头。□
7. 用手将防尘罩从边缘取下，露出金属离灯座。□
8. 用手捏住灯架卡扣向中间挤压，松开灯座卡扣。□
9. 松开卡扣后取出灯泡。□
10. 观察大灯的型号和功率，选择一致规格的新灯泡。□
11. 将新灯泡装上灯座。□
12. 扣上灯座卡扣。□
13. 装上防尘罩。□
14. 装上大灯线路插头。□
15. 打开大灯，并切换远近光灯，查看新大灯是否正常工作。□ | |
| 三、竣工检查 | 将工具和物品摆放归位。□
整个过程按 6S 管理要求实施。□ | |

思　考　题

为什么要选择与原车一致规格的大灯？

任务6.3　前大灯的调整

【学习目标】

知识目标：

（1）了解汽车大灯调节原理。

（2）了解汽车大灯调节方法。

能力目标：

（1）能够迅速找到汽车大灯调节位置。

（2）能够独立完成汽车大灯调节。

【相关知识】

通过前面知识的学习，我们知道汽车大灯正常工作对行车安全非常重要，大灯的正常工作包含了大灯正常照明与合理的照射范围，若照射范围不合理不仅起不到对路面的清楚照射，更可能在夜间会车时影响对向来车驾驶员的视线，危害行车安全，因此正确调整灯光是十分必要的。灯光调整时我们会选择夜晚在平直空地上进行路试调整，但是在实际维修中很难时刻具备这样的条件，那么在本次项目中我们将学习如何利用一面墙壁以及有限的空间进行调整灯光。

6.3.1　大灯调整的分类

随着汽车技术的发展，汽车大灯调节方式也分为多种类型，基本分为手动调节、电动调节、自动调节三种。手动调节是最原始和复杂的调节方法，在低配置廉价车型上仍普遍采用。电动调节相对简单很多，驾驶员只需要通过电动旋钮即可实现对大灯进行调节，电动调节大灯在中高端车型上基本普及。自动调节大灯已经使用在某些高配车型和中高端车型上，其根据车辆的行驶环境、载荷和行驶状态自动调节大灯的照射范围，不需要驾驶员进行调整。

1. 手动调整大灯

调整汽车前大灯时，相关参数就参照调整车辆的说明书和技术手册进行。目前，主要采用屏幕检验法或仪器检验法，汽车检验站多用仪器检验法。由于各种仪器型号不同，其使用方法也不尽相同，只能参照仪器说明书进行。下面介绍屏幕检测法。

（1）首先准备好调整工具有内六角扳手、螺丝刀、钳子、活动反扳手、记号笔及胶带等（图6.26）。

图6.26　大灯调整工具

（2）将汽车停在水平路面上，按规定给轮胎充足气压，驾驶室内乘坐一名驾驶员或将60kg的重物放在驾驶员位置上，在前照灯10m处竖一个屏幕（或利用白色墙壁），在屏幕上画出两条垂直线（一线通过左前照灯的中心，一线通过右前照灯的中心）和二条水平线（一条与前照灯离地距离等高 H，另一条比 H 低 Dmm），比 H 低 Dmm 的水平线与两垂直线分别相交于 a、b 两点，即为光点中心，如图6.27所示。

（3）蓄电池充足电情况下，启动发动机（转速为2000r/min，约为发动机最高转速的60%），即在蓄电池不放电的情况下点亮前大灯远光（有些车按近光调整）。

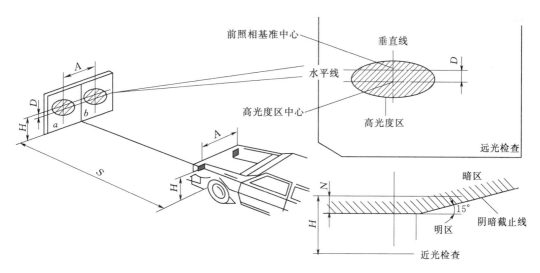

图 6.27　前大灯光束的检查

（4）调整时，把一只前大灯遮住，然后检查另一前大灯的光束是否对准 a 点或 b 点，否则为光束照射位置偏斜，需要调整调整大灯上下照射高度。假如右侧大灯的高度符合要求，我们只需要调整左侧大灯的高度达到标准位置即可。具体步骤如下：

首先，找到左侧大灯的高度调节孔，一般在大灯的后方有标识（图 6.28），按照指定的方向，顺时针为调高，逆时针为调低。

其次，用螺丝刀插入高度调节孔（图 6.29），顺时针微微转动，可发现左大灯灯光分界线高度渐渐上升，调到与右大灯高度一致即可。

2. 电动调节大灯

下面以大众朗逸为例，为大家实操展示如何调整。

（1）将车灯控制旋钮旋转至指定位置开启车灯，如图 6.30 所示。

（2）方向盘的左侧就是前照灯照明范围的调节旋钮啦，如果前排两座椅有人，行李箱空载的情况下就可以将调节旋钮拧至"—"标识的位置，如图 6.31（a）所示。

（3）若所有座椅有人，行李箱空载，将旋钮拧至"1"的位置，如图 6.31（b）所示。

图 6.28　大灯调节孔

（4）所有座椅有人，行李箱满载，牵引低负载挂车，旋钮拧至"2"，如图 6.31（c）所示。

图 6.29　前大灯高度调节开关

图 6.30　灯光控制开关

（5）仅驾驶员座椅有人，行李箱满载，牵引最大负载挂车，旋钮拧至"3"，如图 6.31（d）所示。

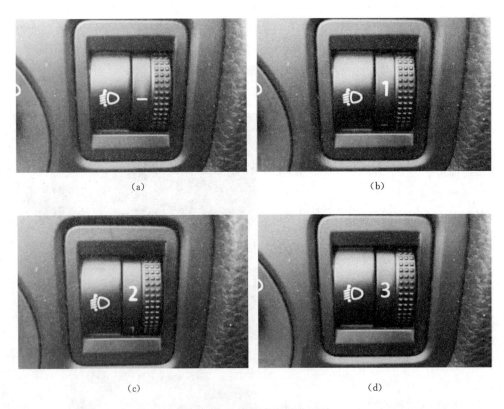

（a）

（b）

（c）

（d）

图 6.31　前大灯高度调节开关

3. 自动调节大灯

自动调节大灯配备动态前大灯照明范围调整装置，无前大灯照明范围调整旋钮，只要打开前大灯，该装置即自动调整前大灯照明范围，使之适应车辆负载。

【实操任务单】

<table>
<tr><td colspan="3" align="center">前大灯高度的调整作业工单
班级：_____组别：_____姓名：_____指导教师：_____</td></tr>
<tr><td>整车型号</td><td colspan="2"></td></tr>
<tr><td>车辆识别代码</td><td colspan="2"></td></tr>
<tr><td>发动机型号</td><td colspan="2"></td></tr>
<tr><td>任务</td><td align="center">作业记录内容</td><td>备注</td></tr>
<tr><td>一、前期准备</td><td>正确组装三件套（方向盘套、座椅套、换挡手柄套）、翼子板布和前格栅布。□
工位卫生清理干净。□</td><td>环车检查车身状况</td></tr>
<tr><td>二、操作步骤</td><td>1. 将车辆引入遮光墙前方 10m 位置，清理车辆前方及周围卫生排除障碍物，准备好相关工具。□
2. 将车辆停驻在举升机平台位置。□
3. 拉紧驻车制动器，并将变速器至于____挡位或____挡，打开发动机舱。□
4. 把护裙板粘贴在汽车翼子板上，要求把翼子板全覆盖。□
5. 安装方向盘、挂挡杆、座套和铺设地板护垫，其主要作用是_____。□
6. 车辆驾驶侧坐一人，测量左侧汽车大灯高度为____cm。□
7. 测量高度值减去 10cm 得出目标高度为____ cm，并在遮光墙上进行标识。□
8. 启动车辆，打开近光灯，观察近光灯切割线位置。□
9. 打开发动机舱，使用十字螺丝刀对大灯高度调节孔进行调节。□
10. 将左侧大灯高度调节至标识位置，并将右侧大灯灯光切割线调节至与左侧大灯灯光切割线齐平。□
11. 作业完毕，车辆熄火关闭大灯，关闭发动机舱盖。□</td><td></td></tr>
<tr><td>三、竣工检查</td><td>将工具和物品摆放归位。□
整个过程按 6S 管理要求实施。□</td><td></td></tr>
</table>

思　考　题

1. 大灯调节时为什么要启动车辆？
2. 调节大灯高度时为什么驾驶室侧要坐一人？

任务 6.4　汽车照明信号系统线路检修

【学习目标】

知识目标：

（1）了解汽车照明与信号系统的基本组成。

（2）了解汽车照明与信号系统的工作原理。

能力目标：

（1）能够快速找到汽车照明与信号系统的操作开关。

（2）学会查阅汽车维修手册等资料，看懂汽车照明与信号系统电路图。

（3）学会使用检测工具，结合电路图对照明与信号系统故障进行诊断，并提出维修方案。

【相关知识】

汽车照明与信号系统作为汽车的"眼睛"在行车安全中具有不可替代的作用，一旦照明与信号系统出现故障，那么就像人的眼睛被蒙蔽了一样，行车安全就受到威胁，因此学会检修汽车照明与信号系统是维修工不可或缺的技能，接下来我们将学习如何对照明与信号系统进行检修。

汽车照明和信号系统的故障分为两类：一类是器件本身的故障；另一类是线路存在的故障。首先，我们应该先检查器件本身的故障，如果没有，再认真研读电路图，按照各系统的线路逐级检查，认真查明出现故障的原因及可能存在的隐患，正确地加以排除。

处理故障时，一般应重点检查两项内容：一项是检查是否有短路、接线柱接触是否有不良处（断路）；另一项是检查熔断丝是否熔断，组合开关、继电器是否正常工作。

汽车灯光的常见故障一般有灯光不亮、灯光亮度低、灯泡频繁烧坏等。在进行故障诊断时，应根据电路图对电路进行检查，判断出故障的部位。

（1）灯光不亮。引起灯光不亮的原因主要有灯泡损坏、熔断丝熔断、灯光开关或继电器损坏及线路短路或断路故障等。如果只有一只灯不亮，一般为该灯的灯丝烧断，可将灯泡拆下后检查。如果是几只灯都不亮，再按喇叭，喇叭也不响，则是总熔断器熔断。若同属一个熔断丝的灯泡都不亮，则可能是该支路的熔断丝被熔断。处理熔断器熔断故障时，在将总熔断器复位或更换新的熔断丝之前，应查找出超负荷的原因。其方法是：将熔断丝所接各灯的接线从灯座拔掉，用万用表电阻挡测量灯端与搭铁之间的电阻，若电阻较小或为 0，则可断定线路中有搭铁故障。排除故障后，再把熔断器复位或更换新的熔断丝。

其他部位的检查方法有：①继电器的检查：将继电器线圈直接供电，可检查出继电器是否能正常工作，如不能正常工作，应更换继电器；②灯光开关的检查：可用万用表检查开关各挡位的通断情况，若与要求不符，应更换灯光开关；③线路的检查：在检查线路时，可用万用表或试灯逐段检查线路，以便找出短路或断路故障的部位。

（2）灯光亮度下降。若灯光亮度不够，多为蓄电池电量不足或发电机和调节器的故障所致。

导线接头松动或接触不良、导线过细或搭铁不良、散光镜坏或反射镜有尘垢、灯泡玻璃表面发黑或功率过低及灯丝没有位于反射镜的焦点上，均可导致灯光暗淡，需要逐一检查排除。

检查时，首先要检查蓄电池和发电机的工作状态，若不符合要求，应先恢复电源系统的正常工作电压。其次要在电源正常的状态下，再检查线路的连接情况及灯具是否良好。

（3）灯泡频繁烧坏。灯泡频繁烧坏的原因一般是电压调节器不当或失调，使发电机输出电压过高所致，应重新将输出电压调整到正常工作范围；另外，灯具的接触不良也是造成灯泡频繁损坏的原因。

在检查汽车照明及信号线路时，必须要读懂照明及信号系统控制线路图，这样，对我们进行线路的排查和检修会有很大的帮助。下面，以上海大众朗逸车辆为例，介绍汽车照明与信号系统的控制电路图。

6.4.1　汽车前大灯控制线路分析

以汽车左侧近光灯回路为例，分析其控制线路。汽车左侧近光灯控制电路如图 6.32～图 6.35 所示。

结合图 6.32～图 6.35，电路分析如下：

电流从 89 （接点火开关）输入→SC31（车灯开关保险）→E1（车灯开关）→SC4（左近光灯保险）→M29（左近光灯）→⑫（接地连接线）→⑥⑦③（接地点），由此构成左侧近光灯回路。

6.4.2　灯光信号系统的检修

一辆大众朗逸轿车夜间行车时左侧近光灯不亮，右侧近光灯正常工作。

故障原因分析与排除：

（1）根据图 6.32～图 6.35 所示的电路图可知，左、右近光灯共用 SC31（车灯开关保险）和 E1（车灯开关），而右侧近光灯正常工作，那么可以说明 SC31（车灯开关保险）和 E1（车灯开关）是正常的，问题出在"SC4（左近光灯保险）→M29（左近光灯）→A2（接地连接线）→⑥⑦③（接地点）"这一段电路中。

（2）对 SC4（左近光灯保险）进行检测（图 6.36），发现保险完好；拆下 M29（左近光灯）进行检查，发现大灯完好；分析可能是线路断路。

（3）在拆下 M29（左近光灯）的情况下打开近光灯开关，检测大灯电源插头（图6.37），发现一端有 12V 电压，另一端与车身电阻为无穷大，于是确定是"M29（左近光灯）→A2（接地连接线）→⑥⑦③（接地点）"这段电路间发生断路。

（4）拆开左近光灯线束，发现左近光灯电源线被老鼠咬断（图 6.38），于是接好断点，用绝缘胶包好，恢复线束后进行测试，左侧近光灯成功点亮。

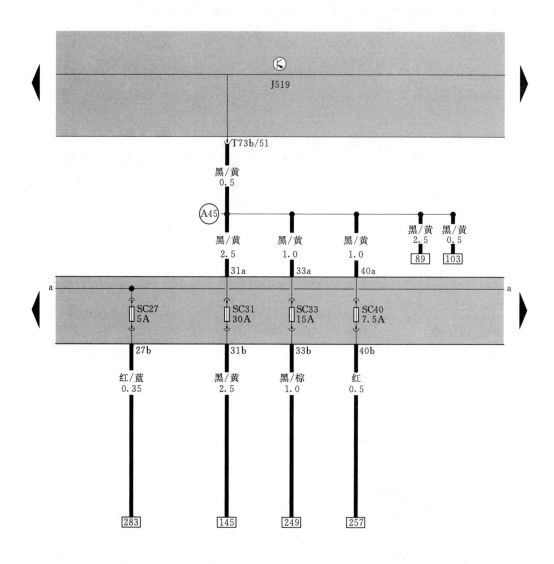

图 6.32　近光灯回路电路图（1）

J519—BCM 车身控制单元；SC27—自诊断接口保险丝；SC31—车灯开关保险丝；

SC33—点烟器保险丝；SC40—车窗玻璃刮水器间歇运行调节器保险丝；

T37b—73 针插头，白色，BCM 车身控制器插头；Ⓐ45—连接线

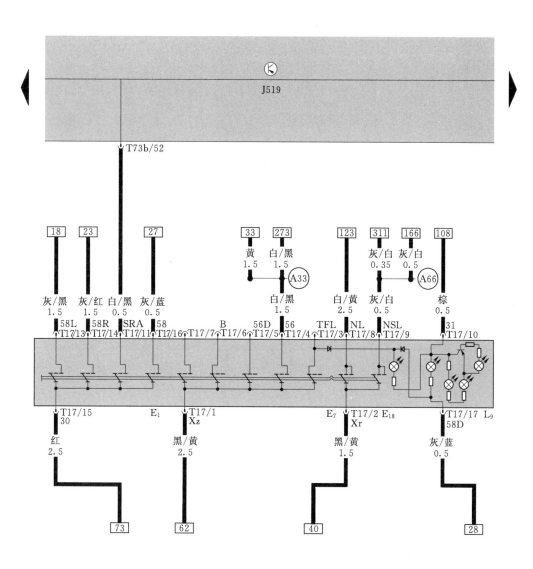

图 6.33　近光灯回路电路图（2）

E1—车类开关；E7—前雾灯开关；E18—后雾灯开关；J519—BCM 车身控制
单元；L9—车灯开关照明灯泡；T17—17 针插头，黑色，车灯开关插头；
T37b—73 针插头，白色，BCM 车身控制器插头；A33、A66—连接线

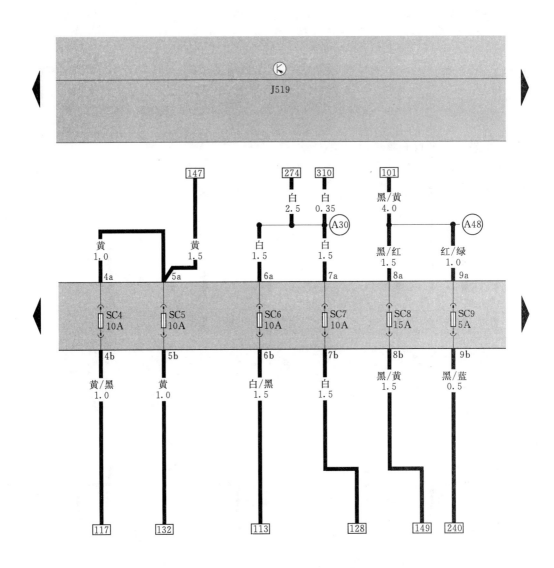

图 6.34　近光灯回路电路图（3）

J519—BCM 车身控制单元；SC4—左侧近光灯灯泡保险丝；SC5—右侧近光灯灯泡保险丝；
SC6—左侧远光灯灯泡保险丝；SC7—右侧远光灯灯泡保险丝；SC8—雾灯开关保险丝；
SC9—BCM 车身控制器、倒车灯开关保险丝；Ⓐ30、Ⓐ48—连接线

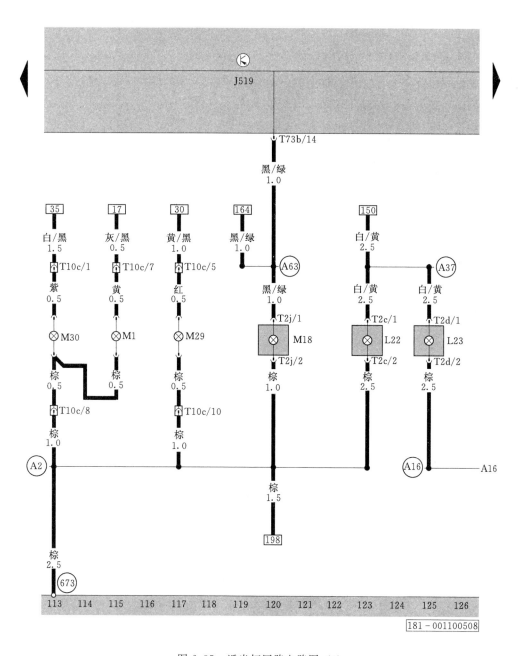

图 6.35　近光灯回路电路图（4）

J519—BCM 车身控制单元；L22—左侧前雾灯灯泡；L23—右侧前雾灯灯泡；M1—左侧停车灯灯泡；M18—左侧侧面转向信号灯灯泡；M29—左侧近光灯灯泡；M30—左侧远光灯灯泡；T2c—2 针插头，黑色，左侧前雾灯灯泡插头；T2d—2 针插头，黑色，右侧前雾灯灯泡插头；T2j—2 针插头，黑色，左侧侧面转向信号灯灯泡插头；T10c—10 针插头，黑色，左前大灯插头；T73b—73 针插头，白色，BCM 车身控制器插头；⑥⑦③—接地点；Ⓐ②、Ⓐ⑯—接地连接线；Ⓐ㊲、Ⓐ㊿—连接线

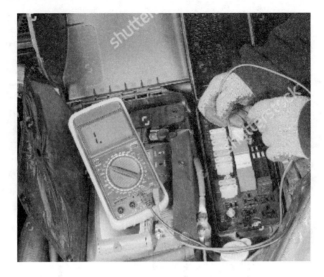

图 6.36   对左近光灯保险进行检测

图 6.37   检测大灯电源插头

图 6.38   老鼠咬断的线路

【实操任务单】

<table>
<tr><td colspan="4">汽车照明信号系统线路检修作业工单
班级：_____组别：_____姓名：_____指导教师：_____</td></tr>
<tr><td>整车型号</td><td colspan="3"></td></tr>
<tr><td>车辆识别代码</td><td colspan="3"></td></tr>
<tr><td>发动机型号</td><td colspan="3"></td></tr>
<tr><td>任务</td><td colspan="2">作业记录内容</td><td>备注</td></tr>
<tr><td>一、前期准备</td><td colspan="2">正确组装三件套（方向盘套、座椅套、换挡手柄套）、翼子板布和前格栅布。□
工位卫生清理干净。□</td><td>环车检查车身状况</td></tr>
<tr><td>二、操作步骤</td><td colspan="2">1. 将车辆引入工位，清理工位卫生排除障碍物，准备好相关工具。□
2. 将车辆停驻在举升机平台位置。□
3. 拉紧驻车制动器，并将变速器至于____挡位或____挡，打开发动机舱。□
4. 把护裙板粘贴在汽车翼子板上，要求把翼子板全覆盖。□
5. 安装方向盘、挂挡杆、座套和铺设地板护垫，其主要作用是_____。□
6. 打开点火开关，检查大灯是否工作正常，如果不正常应进行检查。□
7. 拔下大灯保险，检查保险工作是否正常，否则应更换。□
8. 拔下大灯供电插头，测试是否正常供电____V，若供电良好，应更换大灯。□
9. 作业完毕，打开大灯检测是否正常照明。□</td><td></td></tr>
<tr><td>三、竣工检查</td><td colspan="2">将工具和物品摆放归位。□
整个过程按6S管理要求实施。□</td><td></td></tr>
</table>

思　考　题

1. 为什么大灯不亮应先检查保险丝？

2. 大灯电路中有哪几个重要的电器元件？

任务6.5　电喇叭的检修

【学习目标】

知识目标：

（1）了解电喇叭的结构。

（2）了解电喇叭的工作原理。

能力目标：

能够独立对电喇叭进行检修。

【相关知识】

6.5.1　汽车喇叭

汽车喇叭是用来在汽车运行中警示行人和其他车辆注意交通安全的声响信号装置。按使用能源的不同，汽车喇叭分为电喇叭和气喇叭两种。

1. 电喇叭

电喇叭的特点是以蓄电池为电源，通过电磁线圈或电子电路激励喇叭膜片振动而发出声音。按其外部形状的不同分为螺旋形、盆形两种。

（1）螺旋形电喇叭。螺旋形电喇叭声音和谐清脆，比较悦耳，广泛应用于各种车辆上，如图6.39所示。

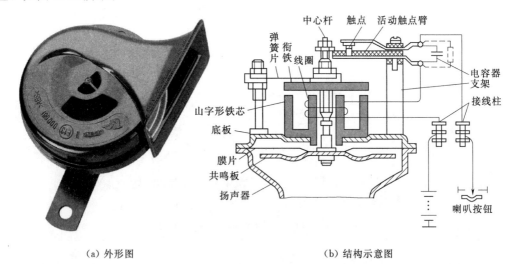

（a）外形图　　　　　　　　　　　　（b）结构示意图

图6.39　螺旋形电喇叭

（2）盆形电喇叭。盆形电喇叭的声音指向性好，可以减小城市噪声污染，还具有耗电量小、结构简单、外形尺寸小、安装方便等特点，在中、小型客车和轿车上应用十分广泛。盆形电喇叭以共鸣板作为共鸣装置，不需要扬声筒，如图6.40所示。

为了使喇叭的声音更加悦耳，汽车上一般装有高、低音两个甚至三个不同音调的喇叭。由于喇叭在工作时消耗的电流过大，如果直接用喇叭按钮控制，喇叭按钮很容易损

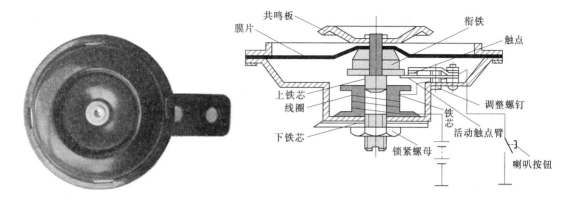

| （a）外形图 | （b）结构示意图 |

图 6.40 盆形电喇叭

坏。为了减小流过喇叭按钮的电流，在其电路中一般装有喇叭继电器如图 6.41 所示。

按下喇叭按钮时继电器线圈通电，触点吸合，蓄电池经继电器触点向喇叭供电，流过按钮的电流是很小的线圈电流，松开按钮时喇叭自动断电。

（3）电喇叭的调整。电喇叭的调整包括音调的调整和音量的调整。电喇叭的调整部位有两处：一是改变铁芯间隙；二是改变触点压力，如图 6.42 所示。

1）音调的高低取决于膜片振动的频率，改变铁芯间隙可以改变膜片的振动频

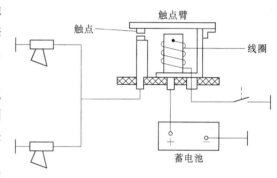

图 6.41 喇叭继电器接线

率，从而改变音调（有的在制造时已经调好工作中不用调整）松开锁紧螺母，旋转铁芯，（间隙减小时音调提高，间隙增大时音调降低）调至合适音调时，旋紧螺母即可。

2）音量的大小与通过线圈的电流大小有关，通过的工作电流大，喇叭发出的音量也就大。线圈通过的电流大小，可以通过改变喇叭触点的接触压力来调整（压力增大，通过线圈的电流增大，喇叭的音量增大，反之音量减小）。盆形电喇叭音量的调整可通过调整螺钉来调整触点压力，进而实现对音量的调整。

电喇叭的固定方法对其发音影响极大。为了使喇叭的声音正常，喇叭不能作刚性的装接，而应固定在缓冲支架上，即在喇叭与固定支架之间装有片状弹簧或橡皮垫。

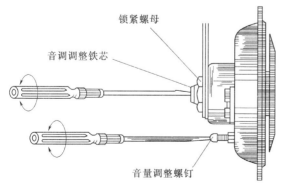

图 6.42 电喇叭的调整

（4）电喇叭的型号。电喇叭的型号的编制如图6.43所示。

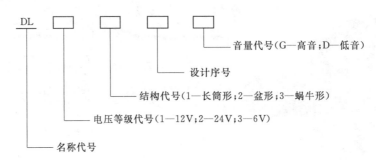

图6.43　电喇叭的型号编制

第1部分表示名称代号：DL—有触点，DLD—无触点。

第2部分表示电压等级代号：1—12V；2—24V；3—6V。

第3部分表示结构代号：1—长筒形；2—盆形；3—蜗牛形。

第4部分表示设计序号。

第5部分表示音量代号：G—高音；D—低音。

2. 气喇叭

气喇叭是利用气流使金属膜片震动产生音响，外形一般为筒形，多用在具有空气制动装置的重型载重汽车上。气喇叭按结构和外形的不同可分为长筒形和螺旋形两种，按音调的不同又可分为单音和双音两种。气喇叭的声响强度和声音指向性好，适于山区使用。为了减少城市噪声污染，各个国家的交通法规均规定禁止在市区使用气喇叭（图6.44）。

（a）单筒气喇叭　　　　　　　（b）双音气喇叭　　　　　　　（c）蜗牛形气喇叭

图6.44　气喇叭外形图

6.5.2　喇叭回路分析

2008款大众朗逸车型所使用的是电喇叭，其控制线路图分别如图6.45～图6.48所示。

根据对图6.45～图6.48的分析可知，2008款大众朗逸车上的信号喇叭的控制信号流如下：

高音喇叭控制：按下方向盘中央的信号喇叭开关H，鸣信号喇叭信号→J519（车载网络控制单元）通过引脚T73a/29接收鸣信号喇叭信号→J519（车载网络控制单元）通过引脚T73a/72输出电流→H2（高音喇叭）→Ⓐ2（接地连接线）→⑥73（接地点）。

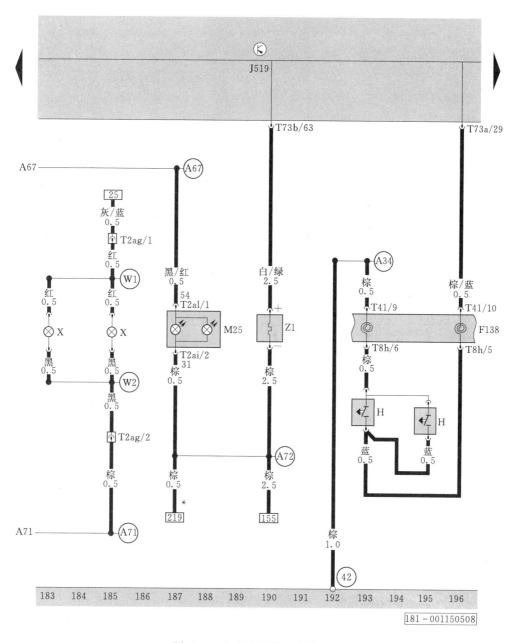

图 6.45　电喇叭控制线路图（1）

F138—安全气囊螺旋弹簧/带滑环的复位环；H—信号喇叭控制；J519—BCM 车身控制器；T41—41 针插头，
白色，组合开关插头；T8h—8 针插头，黄色，安全气囊螺旋弹簧/带滑环的复位环的复位环插头；
T73a—73 针插头，白色，BCM 车身控制器插头；㊷—接地点；Ⓐ34—接地连接线

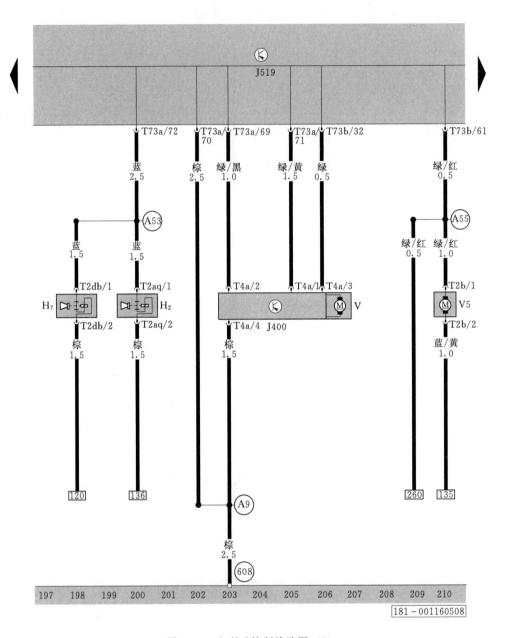

图 6.46　电喇叭控制线路图（2）

H2—高音喇叭；H7—低音喇叭；J519—BCM 车身控制器；T2aq—2 针插头，黑色，高音喇叭插头；

T2db—2 针插头，黑色，低音喇叭插头；T73a—73 针插头，

白色，BCM 车身控制器插头；A53—连接线

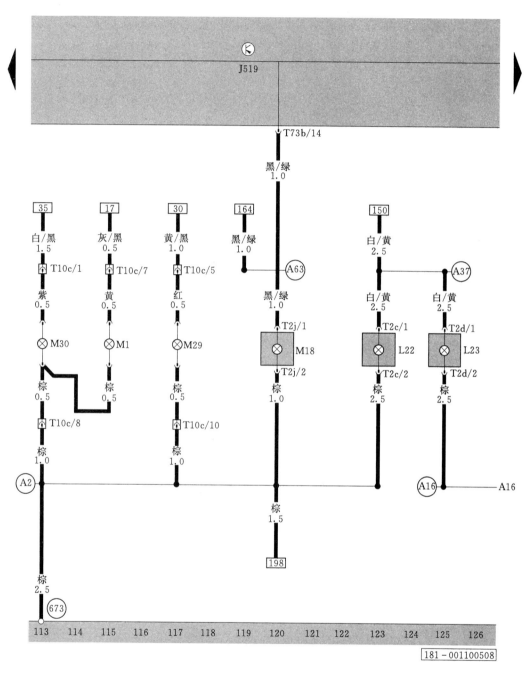

图 6.47 电喇叭控制线路图（3）

⑥⑦—接地点；Ⓐ②—接地连接线

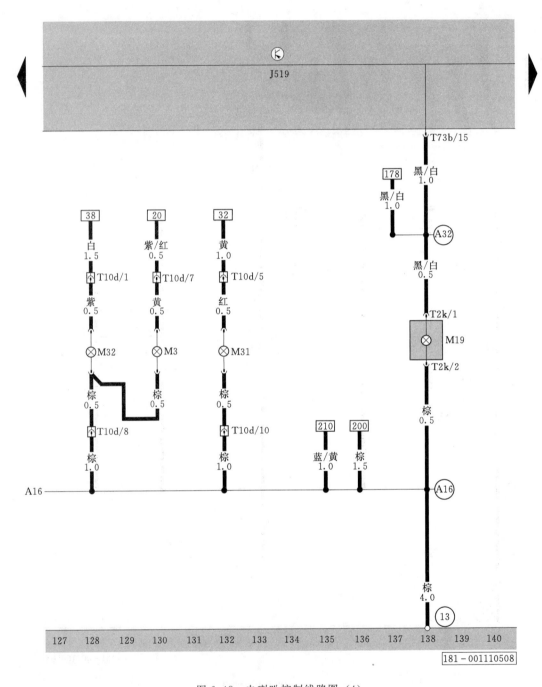

图 6.48 电喇叭控制线路图（4）

⑬—接地点；Ⓐ⑯—接地连接线

低音喇叭控制：按下方向盘中央的信号喇叭开关 H，鸣信号喇叭信号→J519（车载网络控制单元）通过引脚 T73a/29 接收鸣信号喇叭信号→J519（车载网络控制单元）通过引脚 T73a/72 输出电流→H7（低音喇叭）→Ⓐ16（接地连接线）→⑬（接地点）。

6.5.3　电喇叭检修案例分析

一辆大众朗逸喇叭声音变化明显，该车配备的是高低压双喇叭，经过分析，判断是低音喇叭不工作，检修步骤如下：

故障分析：由于该车配备的高低压双喇叭，而该故障是一个喇叭失效而另一个正常，因此可以说明喇叭电源没问题，故障出在喇叭身上可能性很大，于是对喇叭进行检查。

检查过程：打开发动机舱盖，找到喇叭的位置，由于喇叭位置局限，将喇叭拆下对两个喇叭接线柱之间的电阻进行测量，由测量结果判断一个喇叭损坏另一个喇叭正常（图6.49、图 6.50）。

图 6.49　低音喇叭检测　　　　　　图 6.50　高音喇叭检测

维修方法：更换低音喇叭后故障排除。

【实操任务单】

<table>
<tr><td colspan="3" align="center">汽车喇叭检修作业工单
班级：_____　组别：_____　姓名：_____　指导教师：_____</td></tr>
<tr><td>整车型号</td><td colspan="2"></td></tr>
<tr><td>车辆识别代码</td><td colspan="2"></td></tr>
<tr><td>发动机型号</td><td colspan="2"></td></tr>
<tr><td>任务</td><td align="center">作业记录内容</td><td>备注</td></tr>
<tr><td>一、前期准备</td><td>正确组装三件套（方向盘套、座椅套、换挡手柄套）、翼子板布和前格栅布。□
工位卫生清理干净。□</td><td>环车检查
车身状况</td></tr>
</table>

续表

| 二、操作步骤 | 1. 将车辆引入工位，清理工位卫生排除障碍物，准备好相关工具。□

2. 将车辆停驻在举升机平台位置。□

3. 拉紧驻车制动器，并将变速器至于____挡位或____挡，打开发动机舱。□

4. 把护裙板粘贴在汽车翼子板上，要求把翼子板全覆盖。□

5. 安装方向盘、挂挡杆、座套和铺设地板护垫，其主要作用是_____。□

6. 按下喇叭开关，听喇叭声音是否正常，否则进行检查。□

7. 拔下喇叭插头，由一人在车内按下喇叭开关，检测插头供电是否正常，若正常则对喇叭进行检查。□

8. 分别测量高低压喇叭的电源接线柱电阻，若开路则为喇叭损坏，应更换新喇叭。□

9. 作业完毕，打开大灯检测是否正常照明。□ | |
| 三、竣工检查 | 将工具和物品摆放归位。□
整个过程按 6S 管理要求实施。□ | |

思　考　题

汽车喇叭为什么由高低音两个喇叭组成？

汽车仪表与报警系统

【项目引入】

汽车系一位老师购买的大众系车型，行驶 1 年多，行驶里程 10000km 左右，一天在正常行驶过程中出现"胎压"报警信号，经检测四个轮胎的压力相互接近，而且皆为正常值范围内，小白同学百思不得其解，这个问题将从何查起呢？

任务 7.1 仪表报警系统的基础知识

【学习目标】

知识目标：

（1）了解汽车仪表和报警系统的组成及作用。

（2）了解汽车仪表和报警系统的工作原理。

（3）掌握汽车指示、警告灯的作用并能分析出现该报警灯能否继续工作。

能力目标：

（1）能够在实车上找到相应的汽车仪表、指示和报警装置。

（2）能够分辨出每一指示、警告灯并说出出现该指示灯汽车是否能继续行驶。

（3）掌握安全操作规程和操作规范。

【相关知识】

为了使驾驶员随时掌握车辆的各种工作状况，保证行车安全，并及时发现和排除车辆存在的故障，现代汽车上都安装有多种监控仪表和报警信息装置。如机油压力表、冷却液温度表、燃油表、车速里程表及转速表、电流表、电压表等。对仪表的要求除结构简单、工作可靠、耐振、抗冲击性好外，仪表的示数还必须准确，在电源电压波动时所引起的变化应尽可能小，且不随周围温度的变化而改变。当出现可能妨碍汽车继续安全可靠行驶的情况时进行报警，能使驾驶员随时掌握车辆的工作状况，保证行车安全，并及时发现和排除车辆存在的故障。

传统汽车仪表采用的是机械式或机电结合式仪表，存在着显示信息量少，视觉特性不好，易使驾驶员疲劳，准确率低等缺点，难以满足人们对汽车性能越来越高的要求。随着新型传感器、电子显示器件以及电子技术在汽车上的广泛应用，仪表电子化成为显示汽车信息的主要形式，电子显示组合仪表逐渐成为汽车仪表发展的主流，如图 7.1 所示。

现代轿车智能组合仪表越来越多，随着仪表智能化和集成化，仪表显示原理也发生了极大的变化。仪表表头不再由各传感器直接驱动，而是由传感器将各种信号提供给仪表电脑，通过电脑统一计算后，由仪表电脑微处理器直接驱动各表进行显示。

（a）传统式仪表　　　　　（b）模拟电路式仪表　　　　　（c）数字电路式仪表

图 7.1　汽车仪表的发展

7.1.1　仪表的组成

汽车仪表通常都安装在仪表盘上组成一个总成，称为组合仪表盘。因车型仪表盘不同，外观也不同。但其基本构成却大同小异，包括有转速表、车速表、里程表、燃油表等各种仪表和转向指示灯、故障指示灯等多种指示灯，如图 7.2 所示。

图 7.2　组合仪表盘

从图 7.2 中可以看出，汽车组合仪表组合了以下几种仪表：

发动机转速表指示发动机运转的速度。

汽油发动机转速表一般从点火系统中获取发动机的转速信号。

车速里程表指示汽车行驶速度和累计行驶里程数。

车速表指示汽车行驶速度。它是利用车速传感器的测量信号，计算并显示汽车时速大小的。

冷却液温度表指示发动机冷却液温度。信号取自于发动机上的水温传感器。

燃油表指示汽车燃油箱内的存油量。信号取自于油箱中的浮子式燃油量传感器。

7.1.2　汽车仪表指示灯和警告灯

为显示汽车各个系统的工作情况，防止不良工况的恶化，及时直观地提醒驾驶员注意，保证行车安全，从而设置了状态指示灯和报警指示灯，以及提供声音报警信号的蜂鸣器。

状态指示灯和报警指示灯一般都集成在组合仪表内。灯泡多采用 2W 的小白炽灯泡或者发光二极管，在灯泡前有滤光片，以使灯泡发黄或发红。下面以大众系列汽车为例，介绍常见的汽车仪表指示灯、警告灯（表 7.1）。

表 7.1　　　　　　　　　　　大众系列汽车常见指示灯和警告灯

图形	说明	图形	说明	图形	说明
	定速巡航装置打开指示灯		灯泡损坏指示灯		前照明指示灯
EPC	发动机控制装轩警报灯		水温报警指示灯		转向信号指示灯
	ABS 故障指示灯		行李箱盖未关指示灯		燃油液位低警告灯
	车身稳定系统指示灯	(ABS)	ABS 警告灯		胎压警告灯
	制动系统警告灯		制动踏板指示灯		远光灯指示灯
	机油压力警告灯		点灯警告灯		发动机电子防盗指示灯
	发动机故障灯		安全气囊警告灯		前排安全带提示灯
	加油口位置指示灯		前雾灯指示灯		后雾灯指示灯

7.1.3　汽车仪表系统构造及工作原理

1. 车速里程表

车速里程表（图 7.3 中③）的功用是指示汽车行驶速度和累计行驶里程数。按工作原理不同，车速里程表可分为磁感应式和电子式两种。

图 7.3　2008 款朗逸汽车组合仪表

①—发动机转速表；②—多功能显示器；③—车速表；④—复位按钮；⑤—时钟调节旋钮

（1）磁感应式车速里程表（图 7.4）。该类型的车速里程表包含了车速表和里程表两部分，主要由永久磁铁、指针活动盘、磁屏（铁护罩）、游丝、指针与刻度盘、计数轮、蜗轮蜗杆和主动轴等组成。

图 7.4 中的车速里程表的主动轴由与变速器输出轴相啮合的软轴驱动。汽车静止时，

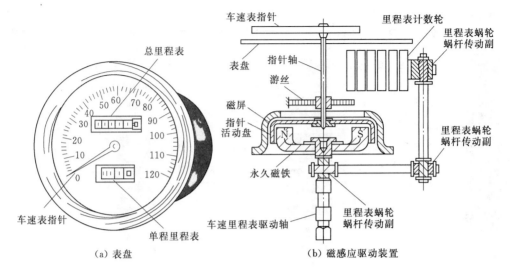

（a）表盘　　　　　　　　　　　（b）磁感应驱动装置

图 7.4　磁感应式车速里程表结构原理

在盘形弹簧的作用下，车速表指针位于刻度盘零位；汽车行驶时，主动轴带着永久磁铁旋转，在指针活动盘上形成磁涡流，该涡流产生一个磁场，旋转的永久磁铁的磁场与指针活动盘的磁场相互作用产生转矩，克服盘形弹簧的弹力，使指针活动盘朝永久磁铁转动方向转过一个角度，与盘形弹簧的弹力相平衡，指针便在刻度盘上指示出相应的车速。车速越高，永久磁铁旋转越快，指针活动盘上的磁涡流越强，形成的转矩越大，指针指示的车速也越高。

　　而里程表则经涡轮蜗杆机构减速后用数字轮显示。汽车行驶时，软轴带动主动轴，并经三对涡轮蜗杆减速后驱动里程表右边第一数字轮逐级向左传到其余的数字轮，累计出行驶里程。同时，里程表上的齿轮通过中间齿轮，驱动里程小计表 1/10km 位数字轮，并向左逐级传到其余的数字轮，显示出小计里程。里程表和短程里程表的任何一个数字轮转动一圈就使其左边的数字轮转动 1/10 圈，形成 1∶10 的传动比，这样就可以显示出行驶里程。当需要清除小计里程时，按一下里程小计表复位杆，即可使里程小计表的指示回零。

　　（2）电子式车速里程表。电子式车速里程表是用设在变速器上的传感器获取车速信号，并通过导线传输信号，能够克服磁感应式车速里程表用钢缆软轴传输转矩带来的磨损等缺点。电子式车速里程表还具有精度高、指示平稳和寿命长等优点。因此，现代汽车特别是小轿车普遍采用电子式车速里程表。

　　电子式车速里程表的结构如图 7.5 所示，主要由车速表、里程表、传感器和永磁转子表四部分组成，既能指示汽车行驶速度，又能记录行驶里程（包括累计里程和单程里程），并具有复零功能。

　　车速传感器的作用是产生正比于车速的电信号。它由一个舌簧开关和一个含有 4 对磁极的转子组成。变速器驱动转子旋转，转子每转一周，舌簧开关中的触点闭合、打开 8 次，产生 8 个脉冲信号，该脉冲信号频率与车速成正比。电子电路的作用是将车速传感器送来的电信号整形、触发，输出一个电流大小与车速成正比的电流信号。

　　车速表是一个电磁式电流表，当汽车以不同车速行驶时，从电子电路接线端输出的与车速成正比的电流信号便驱动车速表指针偏转，即可指示相应的车速。

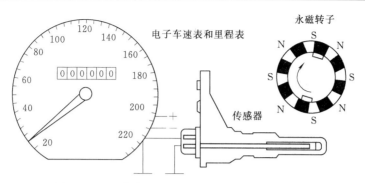

图 7.5 电子式车速表与干簧式车速传感器（奥迪）

里程表是由一个步进电动机及六位数字的十进位齿轮计数器组成。步进电动机是一种利用电磁铁的作用原理将脉冲信号转换为线位移或角位移的微型电动机。车速传感器输出的频率信号经过 64 分频后，再经功率放大器放大到具有足够的功率去驱动步进电动机，带动六位数字的十进位齿轮计数器工作，从而记录累计里程和日程里程。

累计里程和日程里程的任何一位数字轮转动一圈，进位齿轮就会使其左边的相邻计数轮转动 1/10 圈。车速里程表上设有一个单程里程计复位杆，当需要清除单程里程时，只需按一下复位杆，单程里程计的 4 个数字轮就会全部复位为零。

2. 发动机转速表

发动机转速表（图 7.3 中①）是用来指示发动机运转速度的仪表，通常设置在仪表板内，与车速里程表对称地放置在一起，显示发动机每分钟多少转。驾驶人可以通过该表了解发动机的运转情况，并据此决定挡位和加速踏板的配合，使车辆处于最佳运行状态，减少油耗，延长发动机寿命。

现代汽车普遍采用电子式转速表，发动机控制单元通过发动机转速传感器读取发动机转速，组合仪表由总线获得此信息，查找内部存储表格比较发动机转速，以确定指针偏转指示发动机转速。

汽油机用的电容放电式转速表电路原理图如图 7.6 所示，其转速信号来自于点火系统初级电路的脉冲信

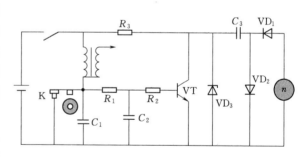

图 7.6 电容放电式转速表电路原理

号。当断电器触点 K 闭合时，三极管 VT 的基极搭铁而处于截止状态，电源经 R_3、C_3、VD_2 向电容 C_3 充电；当触点 K 断开时，三极管 VT 由截止转为导通，此时电容 C_3 经三极管 VT、转速表 n 和二极管 VD_1 构成放电回路，驱动转速表。发动机工作时，断电器触点的开闭频率与发动机的转速成正比，电容 C_3 不断进行充放电，通过转速表 n 的放电电流平均值也与发动机的转速成正比。电路中的稳压管 VD_3 使电容 C_3 有一个稳定的充电电压，提高转速表的测量精度。

3. 燃油表

燃油表是用来指示燃油箱内燃油储存量的仪表。燃油表的刻度"F"表示满油、"E"

表示无油，同时仪表还具有低油量报警功能，当油量低于允许值时，报警灯亮起，如图7.7所示。

　　燃油表工作原理如图7.8所示。当油箱中汽油量较少时，可变电阻位于电阻最大位置，流过与其串联的主线圈的电流较小，致使主线圈产生的电磁吸力小于副线圈的电磁吸力。主、副线圈的电磁吸力的合力将指针吸向副线圈一侧，指针此时指向"E"附近。

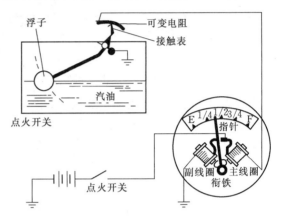

图7.7　燃油表　　　　　　　　　　　　　图7.8　燃油表工作原理

　　当油箱中汽油量较多时，可变电阻位于电阻较小位置，流过与其串联的主线圈的电流增大，致使主线圈产生的电磁吸力逐渐大于副线圈的电磁吸力。主、副线圈的电磁吸力的合力将指针吸向主线圈一侧，指针此时指向"F"附近。

　　4. 冷却液温度表

　　冷却液温度表（图7.9）是用来指示发动机内部冷却液温度的仪表，单位是℃。冷却液温度表在低温范围避免高转速运转以及发动机有过大负载。在正常的情况下温度表指针应该指示在刻度盘的中间范围内，在发动机负载大和室外温度高的情况下指针也可能指到红色高温区域。

图7.9　冷却液温度表

　　冷却液温度表可分为电热式、电磁式和动磁式三种，其中电热式和电磁式较为常见。电热式冷却液温度表常与双金属片式传感器、热敏电阻式传感器相配，而电磁式冷却液温度表常与热敏电阻式传感器相配。

　　电热式冷却液温度表的工作原理如图7.10所示。当点火开关置于接通时，电流流过加热线圈，双金属片受热变形使触点分离，切断电路；随后双金属片冷却伸直，触点重新闭合，电路被接通，如此反复，电路中形成一脉冲电流。

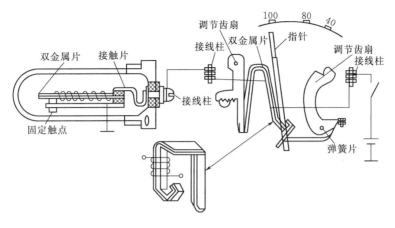

图 7.10　电热式冷却液温度表工作原理

当冷却液温度较低时，双金属片受加热线圈加热变形向上弯曲，使触点分开，由于冷却液温度较低，双金属片被很快冷却，触点重新闭合。

电磁式冷却液温度表工作原理如图 7.11 所示。其热敏电阻式传感器属负温度系数，当冷却液温度低时，热敏电阻阻值大，流经线圈 L_1 与线圈 L_2 的电流相差不多，但 L_1 匝数多，产生磁场强，吸引衔铁使指针指向低温区；当冷却液温度升高时，热敏电阻阻值减小，分流作用增强，流经 L_1 的电流减小，磁力减弱，衔铁被 L_2 吸引，指针向右偏转指向较高温度。

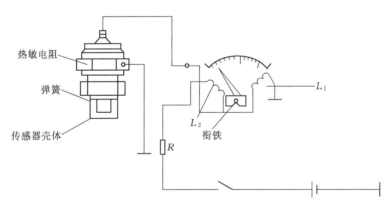

图 7.11　电磁式冷却液温度表工作原理

7.1.4　汽车报警系统构造及工作原理

1. 制动液液面报警装置

制动液液面报警装置即时检测制动液液面的降低，向驾驶人发出警报，避免制动失灵事故的发生。在制动液减少到危险量时，它能使发动机熄火，确保车辆的安全。

制动液液面传感器结构如图 7.12 所示，该传感器装于制动液储液罐中。其中，外壳内装有舌簧管继电器，接线柱与液面报警灯相连，永久磁铁固定在浮子上。当制动液液面下降到规定值时，通过浮子带动永久磁铁使舌簧管触点闭合，接通报警灯，发出警告；当制动液面上升时，浮子上升，吸力减弱，舌簧管触点靠自身弹力张开，报警灯熄灭。

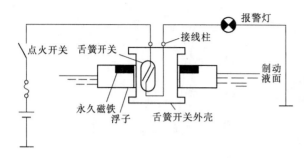

图 7.12 制动液液面传感器结构

2. 机油压力报警装置

机油压车的正常与否，直接影响汽车的使用性能与工作的可靠性，因此许多汽车都设置了机油压力报警灯，当润滑系统机油压力低于允许值时，报警灯亮，以引起驾驶人注意。机油压力报警开关一般安装在发动机机油主油道上。

图 7.13 所示为弹簧管式机油压力报警装置。该种机油压力报警装置由装在发动机主油道的弹簧管式传感器和装在仪表板上的红色报警灯组成。其传感器内的管形弹簧的一端经管接头与发动机主油道相连，另一端与动触点相连，静触点经接触片与接线柱相连。当接通点火开关，发动机尚未启动时，机油压力低于 50～90kPa 时，管形弹簧变形很小，触点闭合，电路接通，报警灯点亮。发动机启动运行后，主油道压力升高，开关的触点断开，报警灯熄灭，表明润滑系统工作正常。发动机运转过程中，如果油道出现堵塞、泄漏等情况，当机油压力低于设定值（通常为 50～90kPa）时，管形弹簧变形很小，触点闭合，开关便接通，报警灯点亮，以提醒驾驶员注意。

图 7.14 所示为膜片式机油压力过低报警灯原理图。当机油压力正常时，机油压力推动膜片向上拱曲，推杆将触点打开，报警灯不亮；当机油压力过低时，膜片在弹簧压力作用下下移，从而使触点闭合，红色报警灯亮，以示警告。

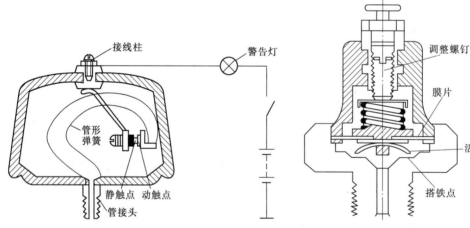

图 7.13 弹簧管式机油压力报警装置

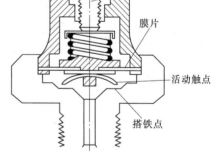

图 7.14 膜片式机油压力过低报警灯原理

大众桑塔纳汽车机油压力报警装置采用低压和高压双重报警装置。低压报警装置的传感器装在凸轮轴机油道上，高压报警装置的传感器装在机油滤清器上。在启动和怠速阶段，若凸轮轴机油道上的油压（输送油路末端处油压）低于 30kPa 时，低压报警装置启亮报警灯。由于该处是整个润滑系统中压力最低的区域，监控该处油压可保证系统内各处有足够的油压。当发动机转速达到 2000r/mm 后，若机油滤清器出口处的油压低于 180kPa 时，高压报警装置发生作用，启亮报警灯。该处油压是发动机主油道油压，若该处油压不足，可能导致发动机润滑不足。

正常情况下，接通点火开关，油压指示灯亮；当启动发动机后，若机油压力大于 30kPa 时，该指示灯熄灭；当发动机低速运转时，若低压报警装置传感器处的机油压力低于 30kPa，则低压压力开关触点闭合，机油压力报警灯启亮；当发动机转速大于 2000r/mm 时，若高压报警装置传感器处机油压力低于 180kPa，则高压压力开关断开，机油压力报警灯启亮，同时报警蜂鸣器响。

3. 燃油量报警装置

燃油量报警装置的作用是当燃油箱内燃油减少到规定值以下时，组合仪表板上的燃油量报警灯点亮，提醒驾驶人注意及时补充燃油。

燃油量报警装置，如图 7.15 所示。该装置由热敏电阻式燃油油量报警传感器和报警灯

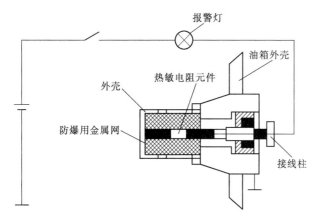

图 7.15　燃油量报警装置

组成。当燃油箱内燃油量较多时，负温度系数的热敏电阻元件浸没在燃油中，散热较快，其温度低，电阻值大，因此电路中电流很小，报警灯处于熄灭状态；当燃油减少到规定值以下时，热敏电阻元件露出油面上，散热慢，温度升高，电阻值变小，电流增大，则报警灯启亮。

4. 冷却液温度报警装置

图 7.16 所示为常见的冷却液温度报警装置。它由双金属片式温度传感器、仪表板上的冷却液温度报警灯两部分组成。当发动机冷却液的温度达到或超过极限温度时，传感器内双金属片受热温度高，变形程度大，使其内动静触点闭合，报警灯中有电流通过，灯亮。提醒驾驶员及时停车检查和冷却。当发动机冷却液的温度正常时，传感器内双金属片受热温度较低，变形程度小，其内动静触点断开，报警灯中无电流通过，灯灭。

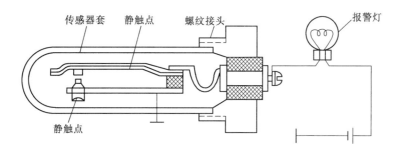

图 7.16　冷却液温度报警装置

5. 制动灯信号断线报警装置

汽车倒车时，为了警告车后的行人和其他车辆的驾驶人，在汽车的后部常装有倒车灯、倒车蜂鸣器和倒车雷达。

图 7.17 所示为制动灯信号断线报警装置。它由电磁线圈与舌簧开关构成的控制器、

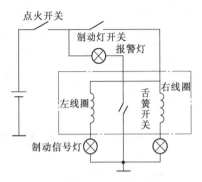

图 7.17 制动灯信号断线报警装置

仪表板上的报警灯两部分组成。汽车制动时，制动灯开关闭合，电流分别经点火开关、制动灯开关、控制器两并联线圈、左右制动信号灯、搭铁。使制动信号灯亮。同时两线圈所产生的磁场相互抵消，舌簧开关维持常开状态，报警灯不亮。当某一侧制动信号灯线路出现故障时，控制器线圈中，只有一个有电流通过，通电的线圈产生电磁吸力使舌簧开关闭合，报警灯亮。

6. 座椅安全带报警装置

当车辆运行车速达到一定值如没有扣紧座椅安全带时，座椅安全带报警系统蜂鸣器发出报警声响并点亮报警灯。

座椅安全带扣环开关是一端搭铁的常闭式开关，如图 7.18 所示。点火开关接通，车辆车速达到一定值时，若此时安全带未扣好，电路则通过座椅安全带扣环开关搭铁，接通蜂鸣器及座椅安全带报警灯电路；若扣好安全带后，加热器使双金属带发热，当达到一定程度后，触点断开从而切断电路蜂鸣器及座椅安全带报警灯电路。

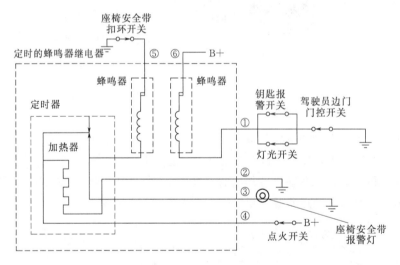

图 7.18 座椅安全带报警系统

【实操任务单】

<table>
<tr><td colspan="4" align="center">汽车数据读取与调整作业工单</td></tr>
<tr><td colspan="4">班级：_____ 组别：_____ 姓名：_____ 指导教师：_____</td></tr>
<tr><td>整车型号</td><td colspan="3"></td></tr>
<tr><td>车辆识别代码</td><td colspan="3"></td></tr>
<tr><td>发动机型号</td><td></td><td>行驶里程</td><td></td></tr>
</table>

续表

任务	作业记录内容	备注
一、前期准备	正确组装三件套（方向盘套、座椅套、换挡手柄套）、车辆使用手册、朗逸轿车。□ 工位卫生清理干净。□	环车检查车身状况
二、时间调整	1. 原时间：＿＿＿＿＿＿＿＿＿＿＿ 2. 调整 1：15 后时间：＿＿＿＿＿＿＿＿＿＿	方法：
三、指示灯认识	 1：＿＿＿＿　2：＿＿＿＿　3：＿＿＿＿ 4：＿＿＿＿　5：＿＿＿＿　6：＿＿＿＿ 7：＿＿＿＿　8：＿＿＿＿　9：＿＿＿＿ 10：＿＿＿　11：＿＿＿　12：＿＿＿ 13：＿＿＿　14：＿＿＿　15：＿＿＿ 16：＿＿＿　17：＿＿＿　18：＿＿＿ 19：＿＿＿　20：＿＿＿　21：＿＿＿	其中 警告灯： 指示灯：
四、参数读取与设定	1. 仪表的组成：＿＿＿＿＿＿＿＿＿＿＿ 2. 瞬时油耗：＿＿＿＿＿平均油耗：＿＿＿＿ 　有效距离：＿＿＿＿＿平均速度：＿＿＿＿ 3. 车速报警：原设定报警车速：＿＿＿＿ 　现设定报警车速：＿＿＿＿ 4. 短程行驶里程＿＿＿＿复位后＿＿＿＿	
五、竣工检查	汽车整体检查（复检）。□ 整个过程按 6S 管理要求实施。□	

思　考　题

1. 汽车电气设备由哪几部分组成？

2. 全车电路及配电装置由哪些元件组成？

3. 汽车电气设备的特点？

任务7.2　汽车仪表与报警系统的检修

【学习目标】

知识目标：

（1）了解常用轿车人工消除保养灯方法。

（2）掌握常见传感器与稳压器的故障排除。

（3）能根据课本案例找到相应的电路图册，分析故障。

能力目标：

（1）能够在实车上找到相应的汽车电气部件。

（2）能够进行人工消除保养灯和根据维修手册拆卸仪表。

（3）掌握安全操作规程和操作规范。

【相关知识】

现代汽车仪表正在经历更新换代，机械或数字式仪表都有常出现的故障和报警信号，具体表现有：

（1）仪表背景灯泡不亮。

（2）转速表、车速表、水温表卡滞。

（3）里程表显示不正确。

（4）指示灯误报警。

（5）行车电脑显示异常。

7.2.1　汽车保养指示灯人工清除操作

大众汽车保养间隔显示功能：在汽车上提示是否到达保养间隔，保养间隔显示的电子控制包括 t1 时间计数器以及 t2 两个距离计数器。电子控制系统分析计数器的数据并给用户以提醒。t1 在一段时间后。或 t2 在一段距离后。通过保养间隔显示所需要的保养（取决于哪个先到）。一辆 2008 款朗逸仪表做完全车保养后不到 2 个月，行驶里程也不到 5000km，但在组合仪表上出现保养提示灯，这是一个异常指示信号，为了不影响用车，需要清除误报警信号，具体步骤见表 7.2。

7.2.2　主要传感器与稳压器的检查调整

【案例】　一辆 2008 款朗逸自动挡行驶 84238km 后发现燃油表不准；胎压监测灯亮；方向向左跑偏。

1. 诊断与维修

仪表盘上胎压监测灯亮一般都是由于个别轮胎气压低所导致的；在做保养底盘检查时发现左前轮气嘴有漏气扎入导致该轮胎气压偏低以至于胎压监测灯亮；而且左前轮气压低也会导致方向向右跑偏。充好气压后，打开点火钥匙开关按住排挡杆附近的胎压监测开关 10s 胎压灯清除。

接上诊断仪 VAG5051 打开点火开关进入 17 仪表板读取故障代码：燃油表位置传感器不可靠信号偶发，该故障说明燃油表位置传感器可能损坏导致燃油表不准，清除故障代

表 7.2	2008 款大众朗逸轿车保养灯手工清零方法
步骤一：系统通电后出现"扳手"标记和"INSP"保养提示灯	步骤二：左手按住复位按钮不要放手，复位按钮在里程表右下方

步骤三：关闭电源，同时左手要一直按住按钮直到多功能显示器不显示时再松开手	步骤四：左手再次按住复位按钮，不要放手，按住按钮

步骤五：右手将钥匙扭到通电位置，左手要按住钮不放，等待仪表板不再闪烁后松开左手按钮	步骤六：关闭电源再接通电源，检查扳手是否消失

码启动发动机油表位置由原来的满格下降到 3/4 处熄火后再打开点火开关又恢复到满箱油的位置，启动发动机也是一样。初步估计可能是油面高度线路接触不好、搭铁不良、燃油位置传感器损坏。查询该车的维修记录，几个月之前有同样问题，刚换过燃油位置传感器；但没过多长时间又不准了，说明燃油位置传感器是没什么问题的。拆下电瓶发现电瓶座下的三个搭铁点有轻微的腐蚀，处理过后装配好电瓶。打开点火钥匙故障还是依旧。搭铁也正常，燃油位置传感器又是新的。要么是线路上有故障吗？拆下后排座椅按了按燃油泵插头后这时发现燃油位置下降到 3/4 处关掉点火开关再打开点火开关后仍然在 3/4 处，说明问题出在燃油泵插头上，拔掉燃油泵插头发现中间的两个针脚上生满铜绿而刚好这两个脚就是燃油位置传感器的针脚，用化油器清洗剂分别清洗了插座和插头后，又用气压枪吹干。插上插头，打开点火开关燃油位置在 3/4 处。试车一切正常。几天后做了回访，客户描述一切正常。

2．其他传感器检测

（1）水温传感器的检查。通过检测热敏电阻的阻值来判断，在给热敏电阻外加不同温度值时，其电阻值应有明显变化。负温度系数热敏电阻范围约为温度 110℃时，阻值 25Ω，60℃时，阻值 100Ω。

（2）燃油量传感器的检查。用万用表 $R\times1\Omega$ 挡测量搭铁端子与接燃油表的接线端子之间电阻约为 300Ω，测量搭铁端子与滑片端子之间电阻应随浮筒位置的改变而变化。

7.2.3　仪表搭铁接触不良故障的分析

【案例】　一辆 2008 年 1.6L 发动机和自动变速器的上海大众朗逸轿车。该车因仪表不定期出现无显示而进厂检修。据驾驶人反映，故障平均每隔两三天就会出现一次，故障发生时，发动机无法启动。

1．拆装组合仪表

2008 款大众朗逸轿车仪表拆装操作见表 7.3。

表 7.3　　　　　　　　　　2008 款大众朗逸轿车仪表拆装操作

步骤一：关闭点火开关和所有用电器，拆除电瓶负极	步骤二：把方向盘调节杆往下来，将方向盘放最低处

步骤三：拉出在仪表板和转向柱饰板之间的盖板	步骤四：用 T20 花螺丝刀，拆卸两个螺钉
	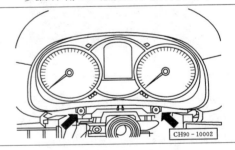
步骤五：略微拉出组合仪表，顺时针打开红色锁扣并拔下连接插头	步骤六：向上微转，取出组合仪

步骤七：找出仪表上的防盗码	步骤八：安装按照相反顺序进行。注意更换仪表必须匹配防盗
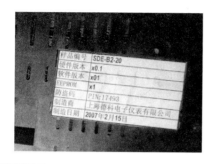	

2. 故障诊断

接车后试车验证故障，并未出现驾驶人所描述的故障现象。连接故障检测仪，调取故障代码，在多个控制单元内均读取到有关仪表控制单元无通信的故障代码，但仪表控制单元本身却无故障代码存储。记录并尝试清除故障代码，故障代码可以清除，说明故障为偶发。

分析可知，多个控制单元均存储有仪表控制单元无通信的故障代码，说明故障原因可能是仪表控制单元及其相关线路存在故障。本着由简到繁的故障诊断原则，决定先对仪表控制单元的相关线路进行检查。由于系统内并无其相关故障代码存储，可以排除数据总线对搭铁短路或在其他控制单元侧存在短路或断路故障的可能，只需重点排查仪表控制单元一侧存在断路或接触不良的情况。

由于故障为偶发，决定先模拟故障发生时的情况。查阅仪表控制单元的相关电路（图 7.19），断开点火开关，断开熔丝 SC26，模拟这段线路断路的情况，然后接通点火开关，发现仪表背景灯可以正常点亮，发动机也能顺利启动；用故障检测仪调取故障代码，无故障代码存储。断开点火开关，将熔丝 SC26 装复，断开熔丝 SC21，然后接通点火开关，仪表背景灯不亮，但多功能显示屏仍能正常显示，且发动机能正常启动，故障检测仪无法进入系统；将熔丝 SC21 装复后用故障检测仪调取故障代码，无故障代码存储。断开点火开关，同时断开熔丝 SC21 和 SC26

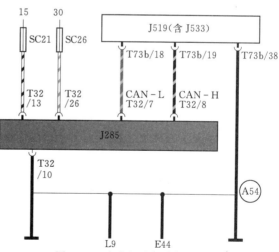

图 7.19　大众朗逸仪表控制线路

L9—车灯开关照明灯；E44—车窗玻璃清洗泵开关；
J285—仪表控制单元；J519—车身控制单元；
A54—接地；J533—诊断接口；SC21—保险丝；
SC26—保险丝

（效果等同于断开仪表控制单元的搭铁），接通点火开关，仪表不显示，且发动机无法启动，故障现象与驾驶人的描述一致，重新将熔丝 SC21 和 SC26 装复后，用故障检测仪调取故障代码，故障代码与之前检测到的一致。

　　通过上述试验，可以推断故障原因应该是仪表控制单元的搭铁存在故障或仪表控制单元本身存在故障（仪表控制单元的两根供电线路同时出现故障的可能性不大）。查阅电路图可知，仪表控制单元与多个用电器共用搭铁，且有 2 个搭铁点。分析可知 2 个搭铁点同时出现偶发故障的可能性不大，而且如果是搭铁点有故障，J519 也应该会有相关故障代码存储。综上所述基本可以确定仪表控制单元的端子 T32/10 或搭铁线路存在故障。故障排除方法：对端子 T32/10 进行紧固。

【实操任务单】

仪表盘拆装作业工单

班级：_____组别：_____姓名：_____指导教师：_____

整车型号			
车辆识别代码			
发动机型号		行驶里程	
任务	作业记录内容		备注
一、前期准备	正确组装三件套（方向盘套、座椅套、换挡手柄套）、车辆维修手册、朗逸轿车。□ 工位卫生清理干净。□		环车检查 车身状况
二、使用工具			
三、拆卸方法			在维修手册第____页到第____页。防盗编码_____
四、安装			
五、竣工检查	汽车整体检查（复检）。□ 整个过程按 6S 管理要求实施。□		

思　考　题

　　1. 不同汽车保养灯消除方法是否相同？

　　2. 朗逸轿车没有水温表，水温是否有用？你能根据所学知识给朗逸轿车增加水温表吗？

　　3. 维修电路图如何读解？尝试根据电路图画出机油压力报警灯电路图。

辅 助 电 气 设 备

【项目引入】

随着现代汽车技术的发展，各种为驾驶员带来舒适便利的汽车电气设备在汽车上得到广泛应用。一辆大众朗逸的电动刮水器与风窗玻璃洗涤系统出现故障，老师让同学们先分析并查找出故障，再进行修复，小白同学想露一手，但这样的问题该怎样解决呢？

任务8.1 电动刮水器与清洗装置的检修

【学习目标】

知识目标：

（1）了解汽车电动刮水器与风窗玻璃洗涤系统的组成及特点。

（2）了解汽车电动刮水器与风窗玻璃洗涤系统的使用方法。

（3）了解汽车电动刮水器与风窗玻璃洗涤系统的工作原理。

能力目标：

（1）能够在实车上找到相应的电动刮水器与风窗玻璃洗涤系统部件，分辨出每一部件的名称和作用。

（2）能够按照规范程序从实车上拆装电动刮水器与风窗玻璃洗涤系统。

（3）能够根据电动刮水器与风窗玻璃洗涤系统的故障现象，在不进行拆解的情况下，初步分析故障的原因。

（4）学会查阅汽车维修手册等资料，看懂电动刮水器与玻璃洗涤系统的控制电路。

（5）能够运用汽车检测仪器设备并结合拆解总成的方式确定故障点，提出解决方案并排除故障。

【相关知识】

电动刮水器出现故障时，既可能是机械故障，也可能是电气线路故障。汽车挡风玻璃刮水系统与洗涤系统常出现的故障现象主要有以下几种。

（1）刮水器所有挡位都不工作。

（2）刮水器无法回位。

（3）刮水器无慢速工作挡。

（4）刮水器在间歇挡不工作，其他挡位工作正常。

（5）洗涤器不喷水。

（6）洗涤器喷水角度不对。

为了保证驾驶员在雨天或雪天时具有良好的视线,确保行车安全,在汽车挡风玻璃上装有刮水器。大多数汽车的前挡风玻璃上装有两个刮水片,也有少量汽车的前挡风玻璃上只装有一个刮水片,另外有些中高端轿车的前照灯上也装有刮水片。

8.1.1 刮水器及洗涤系统的使用

1. 刮水器操作开关的使用

操纵开关主要用于实现雨刮器不同的工作模式,如高速、低速、点动、间歇及自动工作,操纵开关总成一般安装于转向柱上,如图8.1所示。

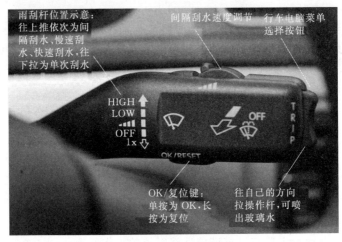

图8.1 雨刮操作开关

2. 刮水片的更换与选用

刮水片可分为有骨刮水片和无骨刮水片,如图8.2所示。

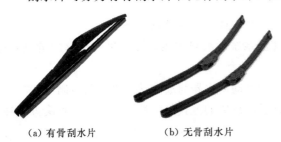

(a)有骨刮水片　　　(b)无骨刮水片

图8.2 刮水片

刮水片在工作几个循环后,风窗玻璃必须干净且均匀,玻璃上无刮痕。如果风窗玻璃出现刮不均匀或不干净的现象,应更换刮水片。刮水片橡胶出现老化,看其外观有无异样,若有,应及时更换。若刮水片表面附有油污,应用专用洗涤液清洗。选用刮水片时,应注意刮水片的长度是否符合。最好更换同等规格的刮水片,如图8.3所示。

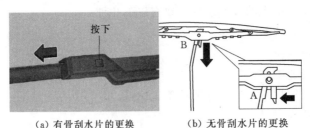

(a)有骨刮水片的更换　　　(b)无骨刮水片的更换

图8.3 刮水片的更换

注意：更换刮水片时，在拆下刮水片后，一定要轻轻地将刮水臂放下，最好在风窗玻璃上垫上一块毛巾，以防将风窗玻璃打坏。

3. 洗涤液的选用及喷水角度的调整

汽车上用来清洗风窗玻璃的洗涤液，俗称玻璃水，玻璃水一般由水或水与适量的添加剂组成，添加剂有助于清洁或降低冰点。例如，在水中加入 5% 的氯化钠可提高洗涤液的清洁能力。在寒冷地区，必须使用防冻的玻璃水，以防止玻璃水结冰，如图 8.4 所示。

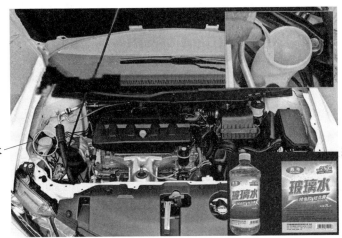

加注口靠外侧便于您倾倒玻璃水

图 8.4　添加玻璃水

8.1.2　电动刮水器的结构及工作原理

电动刮水器主要由电动机、蜗轮蜗杆减速机构、摇臂、拉杆、摆杆、雨刮片等组成，如图 8.5 所示。一般电动机和蜗杆箱结合成一体组成刮水器电机总成。曲柄、连杆和摆杆等杆件可以把蜗轮的旋转运动转变为摆臂的往复摆动，使摆臂上的刮水片实现刮水动作。

1. 刮水器直流电动机

刮水器直流电动机是电动刮水器的动力源，按其磁场结构可分为绕线式和永磁式。永磁式电动机具有体积小、质量轻、结构简单等优点，在国内外汽车上被广泛使用，永磁式刮水器直流电动机的外形如图 8.6 所示。

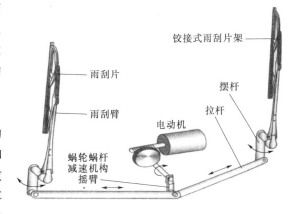

铰接式雨刮片架

雨刮片

雨刮臂

摆杆

拉杆

电动机

蜗轮蜗杆
减速机构
摇臂

图 8.5　刮水器结构

永磁式刮水器直流电动机主要由电动机外壳及永久磁铁、电枢、电刷、触点及蜗轮等组成，如图 8.7 所示。通电时电枢转动，经蜗轮和输出齿轮及输出轴后，把动力传给输出臂。为了满足实际使用的需要，刮水电动机有低速刮水和高速刮水两个挡位，且在任意时刻刮水器结束后，刮水片应能自动回到风窗玻璃最下端。

减速器、自动复位器

永磁双速电动机

图 8.6　刮水器直流电动机

永磁式刮水器直流电动机是利用三个电刷来改变正、负电刷之间串联线圈的个数来实现变速的，如图 8.8（a）所示。其原理是：刮水电动机工作时，在电枢内同时产生反电势，其方向与电枢电流的方向相反。若要使电枢旋转，外加电压必须克服反电势的作用；当电动机转速升高时，反电势增高，只有当外加电压等于反电势时，电枢的转速才能稳定。

当三刷永磁式刮水电动机工作时，电枢绕组产生的反电势的方向如图 8.8（b）中箭头所示。

（1）当将刮水器开关 K 拨向"L"

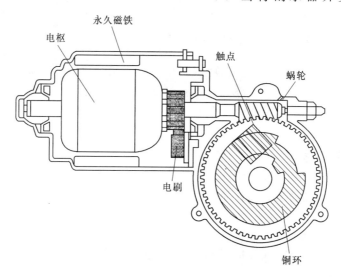

永久磁铁

电枢

触点

蜗轮

电刷

铜环

图 8.7　永磁式刮水器直流电动机结构

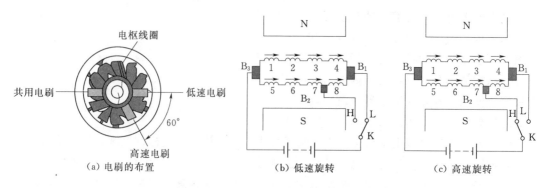

电枢线圈

共用电刷

低速电刷

高速电刷

60°

（a）电刷的布置

（b）低速旋转

（c）高速旋转

图 8.8　刮水直流电动机的转速控制原理

（低速）时，如图 8.8（b）所示，电源电压 U 加在电刷 B_1 和 B_3 之间。在电刷 B_1 和 B_3 之间的两条并联支路中，每条支路中各有 4 个串联绕阻，反电动势的大小与支路中反电动势的大小相等。由于外加电压需要平衡 4 个绕组所产生的反电动势，故电动机转速较低。

（2）当将刮水器开关 K 拨向"H"（高速）时，如图 8.8（c）所示，电源电压 U 加在电刷 B_2 和 B_3 之间。绕组 1、2、3、4、8 同在一条支路中，其中绕组 8 与绕组 1、2、3、4 的反电动势相反，相互抵消后，使每条支路变为三个绕组，由于电动机内部的磁场方向和电枢的旋转方向没有变化，所以各绕组内反电动势的方向与低速时相同。但是外加电压只需要平衡 3 个绕组所产生的反电动势，因此，电动机的转速增大。

2. 刮水电动机的控制电路及自动复位原理

如图 8.9 所示为铜环式刮水器的控制电路，其工作过程如下所述。

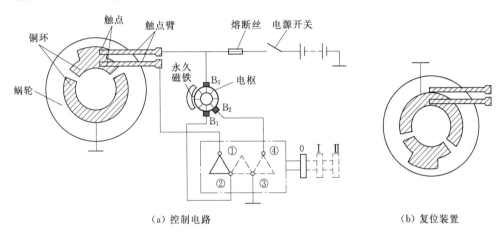

（a）控制电路　　　　　　　　　　　（b）复位装置

图 8.9　铜环式刮水器的控制电路

刮水器开关有三个挡位，0 挡为复位挡，Ⅰ挡为低速挡，Ⅱ挡为高速挡。四个接线柱分别接复位装置、电动机低速电刷、搭铁、电动机高速电刷。复位装置在减速蜗轮（由塑料或尼龙材料制成）上嵌有铜环，此铜环分为两部分，其中一部分与电动机外壳相连（为搭铁），触点臂用磷铜片或其他弹性材料制成，一端铆有触点。由于触点臂具有一定的弹性；因此在蜗轮转动时，触点与蜗轮的端面和铜环保持接触。

（1）当接通电源开关，并将刮水器开关拉出到Ⅰ挡位置时，电流从蓄电池正极→电源开关→熔断丝→电刷 B_3→电枢绕组→电刷 B_1→刮水器开关接线柱②→接触片→刮水器开关接线柱③→搭铁→蓄电池负极，构成回路，电动机以低速运转。

（2）把刮水器开关拉出到Ⅱ挡位置时，电流从蓄电池正极→电源开关→熔断丝→电刷 B_3→电枢绕组→电刷 B_2→刮水器接线柱④→接触片→刮水器接线柱③→搭铁→蓄电池负极，构成回路，电动机以高速运转。

（3）当把刮水器开关退回到 0 挡时，如果刮水片没有停在规定的位置，由于触点与铜环接触，如图 8.9（b）所示，则电流继续流入电枢，其电路为蓄电池正极→电源开关→熔断丝→电刷 B_3→电枢绕组→电刷 B_1→接线柱②→接触片→接线柱①→触点臂→铜环→

搭铁→蓄电池负极。由此可以看出，电动机仍以低速运转直至蜗轮旋转到图 8.9（a）所示的特定位置，电路中断。由于电枢的运动惯性，电机不能立即停止转动，此时电机以发电机方式运行。因此时电枢绕组通过触点臂与铜环接通而短路，电枢绕组将产生强大的制动力矩；电机迅速停止运转，使刮水片复位到风窗玻璃的下部。

3. 刮水器间歇控制

现代汽车刮水器上都加装了电子间歇控制系统，当雨大时让刮水器高速运转，雨小时让刮水器低速运转，当下零星细雨时，就要用到刮水器的间歇挡，即让刮水器电机每隔 7～10s 工作两圈，满足零星细雨时的要求，避免频繁操作刮水开关带来的不便。

汽车刮水器间歇控制电路按照间歇时间是否可调，可分为不可调节型和可调节型。

（1）不可调节型间歇控制电路。如图 8.10 所示为同步间歇刮水器内部控制电路。当刮水器开关置于间歇挡位置（开关处于 0 位，且间歇开关闭合）时，电源将通过自动复位开关向电容器 C 充电，其电流回路为：蓄电池正极→电源开关→熔断丝→自动复位开关常闭触点（上）→电阻 R_1 →电容器 C →搭铁→蓄电池负极。随着充电时间的增长，电容器两端的电压逐渐升高。

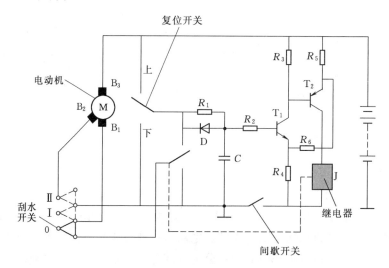

图 8.10　同步间歇刮水器内部控制电路

当电容器 C 两端的电压升高到一定值时，三极管 T_1 和 T_2 相继由截止转为导通，从而接通继电器磁化线圈的电路；其电路为：蓄电池正极→电源开关→熔断丝→电阻 R_5 →三极管 T_2（e→c）→继电器磁化线圈→间歇刮水器开关→搭铁→蓄电池负极。在电磁吸力的作用下，继电器常闭触点打开，常开触点闭合，从而接通了刮水电动机的电路，其电流回路为：蓄电池正极→电源开关→熔断丝→电刷 B_3 →电刷 B_1 →刮水继电器常开触点→搭铁→蓄电池负极。此时电动机将低速旋转。

当复位装置将自动复位开关的常开触点（下）接通时，电容器 C 通过二极管 D、自动复位装置常开触点迅速放电，此时刮水电动机的通电回路不变，电动机继续转动。

随着放电时间的增长，三极管 T_1 基极的电位逐渐降低，当三极管 T_1 基极的电位降低到一定值时，T_1 和 T_2 由导通转为截止，从而切断了继电器磁化线圈的电路，继电器复位，常开触点打开，常闭触点闭合。此时，由于自动复位开关的常开触点处于闭合状态，电动机仍将继续转动，其电流回路为：蓄电池正极→电源开关→熔断丝→电刷 B_3→电刷 B_1→继电器常闭触点→复位开关的常开触点→搭铁→蓄电池负极。只有当刮水片回到原位（即不影响驾驶员视线位置），自动复位开关的常开触点打开、常闭触点闭合时，电动机方能停止转动。继而电源将再次向电容器 C 充电，重复以上过程，循环反复，实现刮水片的间歇动作，其间歇时间的长短取决于 R_1、C 电路充电时间常数的大小。

（2）可调节型间歇控制电路。可调节型间歇控制电路是指刮水器的控制电路能根据雨量大小自动开闭，并自动调节间歇时间。

图 8.11 所示为刮水自动开关与调速控制电路。电路中 S_1、S_2 和 S_3 是安装在风窗玻璃上的流量检测电极，若雨水落在两检测电极之间，则使其阻值减小，水流量越大，其阻值越小。

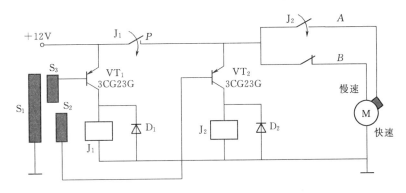

图 8.11　刮水自动开关与调速控制电路

S_1 与 S_3 之间的距离较近（约 2.5cm），因此，三极管 VT_1 首先导通，继电器 J_1 通电，在电磁吸力的作用下，P 点闭合，刮水电动机低速旋转。

当雨量增大时，S_1 与 S_2 之间的电阻减小到使三极管 VT_2 也导通，于是继电器 J_2 通电，在电磁吸力的作用下，A 点接通，B 点断开；刮水电动机转为高速旋转。雨停时，检测电阻之间的阻值均增大，三极管 VT_1、VT_2 截止；继电器复位，刮水电动机自动停止工作。

4. 风窗玻璃洗涤系统的结构和工作原理

风窗洗涤装置与刮水器配合使用，可以使汽车风窗刮水器更好地完成刮水工作并获得更好的刮水效果。

图 8.12 所示为风窗洗涤装置，主要由储液罐、洗涤泵等组成。洗涤泵一般由永磁直流电动机和离心叶片泵组装成为一体，喷射压力可达 70～88kPa。

洗涤泵通常直接安装在储液罐上，在泵的进口处设置有滤清器。洗涤泵喷嘴安装在挡风玻璃的下面，其方向可根据使用情况调整，喷水直径一般为 0.8～1.0mm。洗涤泵的连续工作时间不应超过 1min，对于刮水和洗涤分别控制的汽车，应先开洗涤泵，再接通刮水器。喷水停止后，刮水器应继续刮动 3～5 次，以便达到良好的清洁效果。

常用的洗涤液是硬度不超过 2.05×10^{-4} 的清水。为了能刮掉挡风玻璃上的油、蜡等物质，可在水中添加少量的去垢剂和防锈剂。

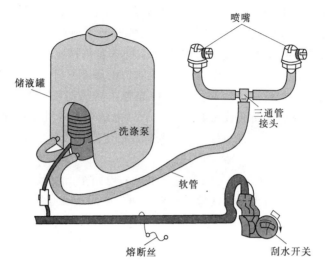

图 8.12　风窗洗涤装置

　　强效洗涤液的去垢效果好，但会使风窗密封条和刮片胶条变质，还会引起车身喷漆变色以及储液罐、喷嘴等塑料件的开裂。冬季使用洗涤器时，为了防止洗涤液冻结，应添加甲醇、异丙醇、甘醇等防冻剂，再加少量的去垢剂和防锈剂，即成为低温洗涤液，可使凝固温度下降到－20℃以下。如冬季不用洗涤器时，应将洗涤管中的水倒掉。

8.1.3　电动刮水器与清洗装置的故障检修

　　汽车刮水器系统常见的故障有刮水器不工作、刮水器速度不够、刮水器的速度转换不正常等。导致刮水器系统发生故障的部位大多在刮水器电动机、刮水器开关、间歇刮水继电器、电压继电器的线路或熔丝上。

　　1. 刮水器系统检修

　　（1）如果刮水器不工作，首先检查保险是否烧断。

　　（2）直接给雨刮电机供电，观察刮水器电机高、低速运转是否正常。若不正常可能是电机内部短路或烧损，需更换刮水器电机。

　　（3）如果刮水器间歇刮水不正常则检查间歇继电器是否损坏或线路是否有故障。

　　（4）如果刮水器速度转换不正常或无法回位，可能是开关接触不良，电机自动回位装故障。检查确认后，再进行更换。

　　2. 风窗玻璃洗涤系统的检修

　　检测电动洗涤器性能好坏时，可向储液罐中充入洗涤剂，合上开关，观察喷嘴喷出的液流是否有力，喷射方向是否适当，电动液泵的接线是否正常。如果不正常，则应检测电动机、喷嘴、连接管、储液罐及密封装置的技术状况。

　　（1）电动机不转。原因可能为电动机及泵不良；洗涤器开关失灵；熔丝熔断；电源或线路有故障。可通过修复线路或更换、修理损坏的元器件解除该故障。

　　（2）喷嘴工作异常。原因可能为洗涤液导管压扁、弯折或接头泄漏；喷嘴阻塞；电动机及泵有故障。可通过校正、平直或更换压扁变形的洗涤液导管，紧固导管接头，使之无泄漏现象。对已阻塞的喷嘴应清除阻塞物；对有故障的电动机及泵应修理或更换，解决故障，最后用大头针调整喷淋角度。

【检修案例】 大众朗逸点火开关打到 ON 挡，打开雨刮器，雨刮不工作。检修步骤见表 8.1。

表 8.1　　　　　　　　　　大众朗逸点火开关雨刮器检修步骤

步骤一：关闭点火，断开蓄电池负极	步骤二：拆卸雨刮臂和喷嘴水管

步骤三：拆下左前导水槽塑料板	步骤四：拔下雨刮电机插头

步骤五：拆卸雨刮电机及传动机构	步骤六：雨刮电机线路检测
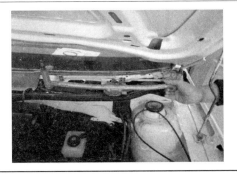	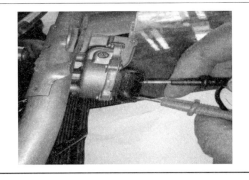

雨刮电机及线路故障分析：

（1）将万用表拨至欧姆挡 200，黑表笔放在电机外壳搭铁，红表笔分别接触 4 个端子，测得 3 个电阻为 ∞Ω、0Ω、1.2Ω、1.5Ω，∞Ω 为复位端子，0Ω 为搭铁端子；1.2Ω 为高速挡；1.5Ω 为低速挡；检测结果正常，排除电机及复位开关故障。

（2）蓄电池负极装好，打开点火开关，将万用表拨至直流电压挡 20V，依次检测当开关位于间歇挡，低速挡和高速挡时，电机接头另一侧插头应该都有电源电压。经检测，电压为 0V。

（3）检测开关供电电源保险丝 SC40，如图 8.13 所示，发现保险丝烧断。初步判断线路短路导致烧保险丝。

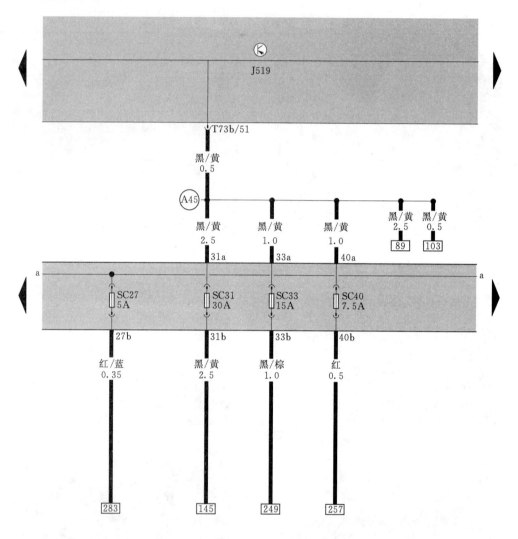

图 8.13　雨刮开关保险

（4）检查保险丝到雨刮开关 E38 供电端 22 号针脚的线路，发现线束有破皮，处理好破损线路后，装好保险丝，雨刮器工作恢复正常。

【实操任务单】

电动雨刮器检查与更换作业工单

班级：_____组别：_____姓名：_____指导教师：_____

整车型号	
车辆识别代码	
发动机型号	

任务	作业记录内容	备注
一、前期准备	正确组装三件套（方向盘套、座椅套、换挡手柄套）、翼子板布和前格栅布。□ 工位卫生清理干净。□	环车检查车身状况
二、操作步骤	1. 将车辆引入工位，清理工位卫生排除障碍物，准备好相关工具。□ 2. 将车辆停驻在举升机平台位置。□ 3. 拉紧驻车制动器，并将变速器至于____挡位或____挡，打开发动机舱。□ 4. 把护裙板粘贴在汽车翼子板上，要求把翼子板全覆盖。□ 5. 安装方向盘、挂挡杆、座套和铺设地板护垫，其主要作用是_____。□ 6. 打开点火开关，检查雨刮器是否工作正常，如果不正常应检查。□ 7. 拔下刮水器保险，检查保险工作是否正常，否则应更换。□ 8. 拔下雨刮器电机供电插头，测试是否正常供电____V，若供电良好，应检修和更换刮水电机。□ 9. 用万用表____挡检测刮水电机线圈是否正常导通，否则应更换。□ 10. 安装刮水电机及传动机构时，应注意是否有卡滞和干涉的现象。□ 11. 更换和装配新刮水片时，应该取下刮片保护膜。□ 12. 作业完毕，打开雨刮器，检测工作性能。□	
三、竣工检查	将工具和物品摆放归位。□ 整个过程按 6S 管理要求实施。□	

思　考　题

1. 汽车电动雨刮系统由哪几部分组成？
2. 电动雨刮的各个挡位控制原理是怎么样？
3. 风窗清洗装置的工作原理是怎么样？

任务 8.2　电动车窗的检修

【学习目标】

知识目标：

（1）了解汽车电动车窗系统的组成及特点。

（2）了解汽车电动车窗系统的使用方法。

（3）了解汽车电动车窗系统的工作原理。

能力目标：

（1）能够在实车上找到相应的电动车窗系统部件，了解每一部件的名称和作用。

（2）能够按照规范程序从实车上拆装电动车窗系统。

（3）能够根据电动车窗系统的故障现象，在不进行拆解的情况下，初步分析故障的原因。

（4）学会查阅汽车维修手册等资料，看懂电动车窗系统的控制电路。

（5）能够运用汽车检测仪器设备并结合拆解总成的方式确定故障点，提出解决方案并排除故障。

【相关知识】

随着汽车的普及，汽车上面各种辅助电气的设备应用越来越多，随之而来的配套维护和保养也受到消费者的重视。无论是传统的电动车窗系统，还是发展到现代采用现代自动控制方式，只有了解其结构原理，掌握其常见故障分析方法和排除故障的能力，才能更好地为汽车售后提供服务。

8.2.1　汽车电动车窗系统的组成

电动车窗系统由双向直流电动机、车窗玻璃升降器、控制开关、继电器、断路器等装置组成。电动机有永磁型和双绕组串励型两种。每个车窗都装有一个电动机，通过开关控制它的旋转方向，使车窗玻璃上升或下降。

1. 双向直流电动机

门窗升降电动机采用双向转动的电动机。它有永磁型和双绕组型两种。永磁型的电动机是外搭铁（通过控制开关搭铁），双绕组型的电动机则是各绕组搭铁。这两种电动机都是通过改变电流流向来实现正反转以实现门窗的升或降。

2. 控制开关

一般电动车窗系统都装有两套控制开关：一套装在仪表板或驾驶员侧车门扶手上，为主开关，它由驾驶员控制每个车窗玻璃的升降；另一套分别装在每一个乘客门上，为分开关，可由乘客进行操纵。一般在主开关上还装有控制分开关的总开关，如果它断开，分开关就不起作用。

为了防止电动机过载，在电路或电动机内装有一个或多个热敏断路开关，用以控制电动机中的电流。当车窗玻璃因某种原因卡住（如结冰），即使操纵开关没有断开，热敏开关也会自动断路，从而保护电动机。

3. 车窗玻璃升降器

电动车窗最主要的组成是车窗玻璃升降器，目前使用的有蜗轮蜗杆式玻璃升降器、齿扇式玻璃升降器、齿条式玻璃升降器等几种，如图 8.14 所示。

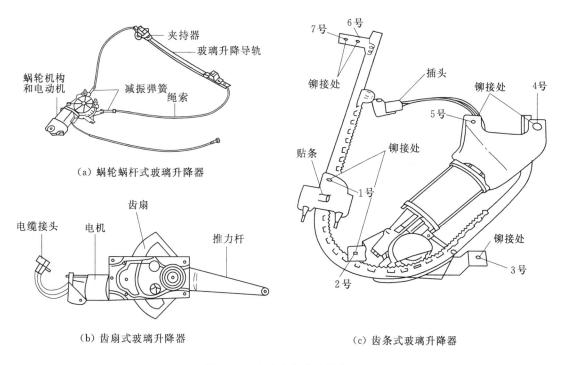

图 8.14　电动车窗升降器类型

蜗轮蜗杆式玻璃升降器居多，机械部分主要由蜗轮机构和电动机、减振弹簧、绳索、夹持器、玻璃升降导轨等组成，如图 8.14（a）所示。

齿轮齿扇式玻璃升降器是通过齿扇来实现换向作用。齿扇上安有螺旋弹簧，当车窗下降时，连接在扇形齿轮上的螺旋弹簧卷起，储存一定的能量；当车窗升高时，弹簧展开，释放能量，从而使车窗无论是上升还是下降，电动机承受相同的负荷，如图 8.14（b）所示。

齿轮齿条式玻璃升降器是使用柔性齿条和小齿轮，车窗连在齿条的一端，电动机带动轴端小齿轮转动，使齿条移动，带动车窗升降，如图 8.14（c）所示。

8.2.2　电动车窗系统的工作原理

（1）电动车窗的控制电路。不同汽车所采用的电动车窗的控制电路不同，其电动机有搭铁和不搭铁之分。电动机不搭铁的控制电路是通过改变电动机的电流方向来改变电动机的转向，从而实现车窗的升降。电机搭铁的控制电路中，电机有两个绕组，两绕组在分别接通蓄电池电压时，电机的转向不同，同样可实现车窗的升降。两种控制电路如图 8.15 和图 8.16 所示。

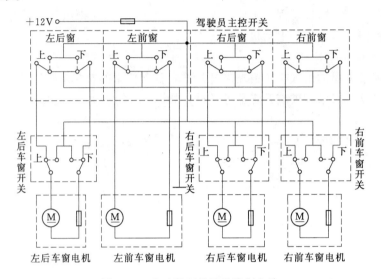

图 8.15　电动机不搭铁的控制电路

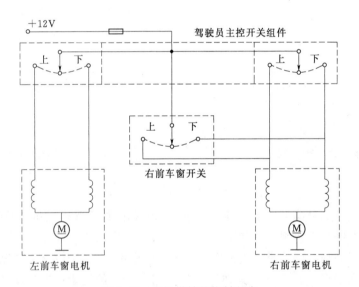

图 8.16　电机搭铁的控制电路

（2）大众朗逸轿车电动车门窗玻璃升降系统的结构组成和控制电路。

1）结构组成。大众朗逸的电动门窗主要由车窗升降电机、玻璃升降器、控制单元、开关及其控制电路组成。其结构实物图如图 8.17～图 8.20 所示。

2）电动车窗控制电路，如图 8.21 所示。驾驶员侧升降电机 V147 由 J386 控制单元控制，驾驶员可以通过 E40 控制升降器开关的升和降的动作，通过把升降信号传递给 J386 控制单元，控制单元控制电机进行升降。

图 8.17　车窗升降电机

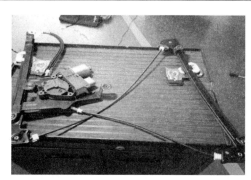

图 8.18　车窗玻璃升降器

图 8.19　开关及控制单元

图 8.20　车身电脑

如图 8.22 所示，左后门玻璃升降电机 V26 由 E52 和 E53 控制，驾驶员可以通过主开关上 E53 控制升降器的升和降的动作，副驾乘客通过 E52 分开关控制升降器的升和降的动作。

如图 8.23 所示，副驾乘客玻璃升降电机由 J387 单元控制，驾驶员可以通过图 8.21 中的主开关上 E81 控制升降器的升和降的动作，副驾乘客通过 E107 分开关控制升降器的升和降的动作，把升降的信号传递给 J387 单元，J387 控制电机进行升降。

右后门玻璃升降电机 V27 由 E52 和 E53 控制，驾驶员可以通过图 8.22 中主开关上 E55 控制升降器的升和降的动作，副驾乘客通过 E54 分开关控制升降器的升和降的动作。

（3）防夹功能。目前，汽车的防夹电动车窗（包括防夹电动天窗）的防夹功能的实现需要"触觉""视觉"的配合。

所谓"触觉"，就是当电动车窗机构感触到有异物卡在玻璃窗上时，会自动停止玻璃上升工作。防夹电动车窗的电路原理如图 8.24 所示，在车窗上升的过程中，驱动机构中有电子控制单元（ECU）及霍尔传感器（脉冲发生器）时刻检测电动机的转速。当霍尔传感器检测到转速有变化时就会向 ECU 传送信息，ECU 向继电器发出指令，使电动机停转或反转（下降），车窗也就停止上升或反转下降。

当然，这种车窗玻璃移动过程中的阻力变化与车窗玻璃到达终端的阻力是不一样的，后者阻力远较前者阻力大得多，因此控制方式也不一样。当车窗玻璃到达关闭的终端时因阻力变大电动机过载电流也变大，继电器靠过载保护装置会自动切断电流。有的汽车设有玻璃升降终点的限位开关，当玻璃到达终端时压住限位开关，电流被切断电动机就停止运转了。

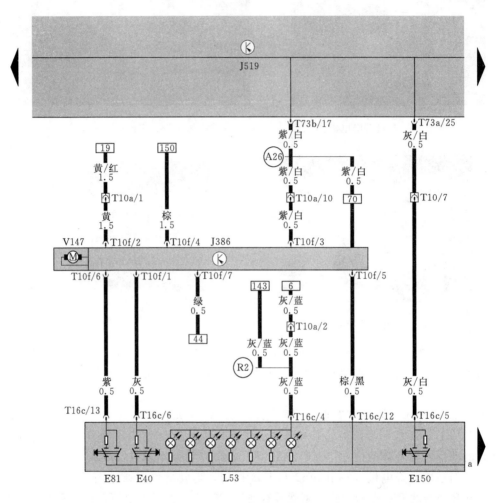

图 8.21　驾驶员侧车窗升降控制电路

E40—左前车窗升降器开关，在驾驶员侧车门上；E81—右前车窗升降器开关，在驾驶员侧车门上；
E150—驾驶员侧车内连锁开关，在驾驶员侧车门上；J386—驾驶员侧车门控制单元，在驾驶员
侧车门上；J519—BCM 车身控制器，在仪表板左侧下方；L53—车窗升降器开关照明灯泡；
T10—10 针插头，棕色，在左 A 柱下方插座上 2 号位；T10a—10 针插头，黑色，在左 A 柱
下方插座上 1 号位；T10f—10 针插头，黑色，驾驶员侧车门控制单元插头；T16c—16 针
插头，棕色，车窗升降器连锁开关插头；T73a—73 针插头，黑色，BCM 车身控制器插
头，在 BCM 车身控制器 A 号位；T73b—73 针插头，白色，BCM 车身控制器插头，在
BCM 车身控制器 B 号位；V147—驾驶员侧车窗升降器马达，在驾驶员侧车门上；
Ⓐ26—连接线，在仪表板线束内；Ⓡ2—连接线，在驾驶员车门线束内

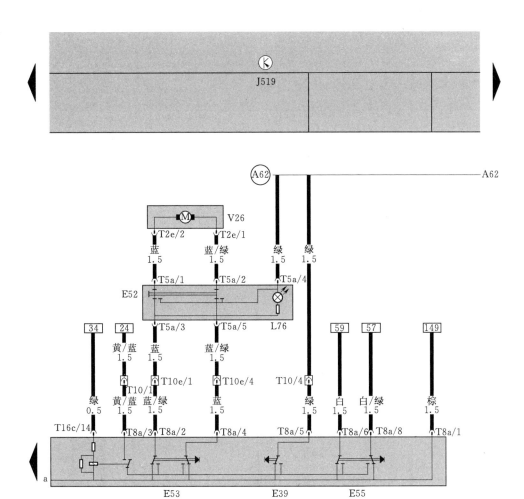

图 8.22　左后门玻璃升降电路

E39—后部车窗升降器连锁开关，在驾驶员侧车门上；E52—左后车窗升降器开关，在左后车门上；
E53—左后车窗升降器开关，在驾驶员侧车门上；E55—右后车窗升降器开关，在驾驶员侧车门上；
J519—BCM 车身控制器，在仪表板左侧下方；L76—按钮照明；T2e—2 针插头，黑色，左后
车窗升降器马达插头；T5a—5 针插头，黑色，左后车窗升降器开关插头；T8a—8 针插头，
黑色，车窗升降器开关插头；T10—10 针插头，棕色，在左 A 柱下方插座上 2 号位；
T10e—10 针插头，红色，在左 A 柱下方插座上 3 号位；T16c—16 针插头，棕色，
车窗升降器连锁开关插头；V26—左后车窗升降器马达，在左后车门上；

A62—连接线，在仪表板线束内

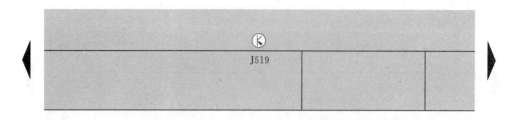

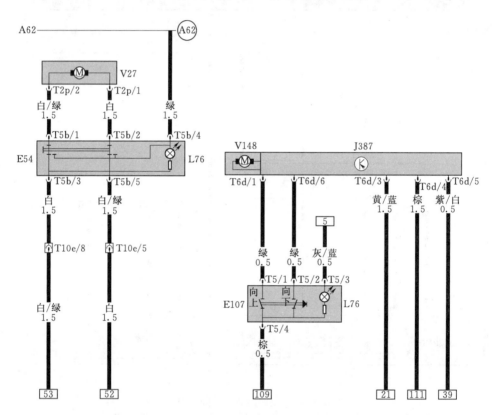

图 8.23 右后门和副驾乘客玻璃升降电路

E54—右后车窗升降器开关，在右后车门上；E107—副驾驶员侧车窗升降器开关，在副驾驶员侧车门上；
J387—副驾驶员侧车门控制单元，在副驾驶员侧车门上；J519—BCM 车身控制器，在仪表板左侧下方；
L76—按钮照明；T2p—2 针插头，黑色，右后车窗升降器马达插头；T5—5 针插头，黑色，副驾驶员
侧车窗升降器开关插头；T5b—5 针插头，黑色，右后车窗升降器开关插头；T6d—6 针插头，黑色，
副驾驶员侧车门控制单元插头；T10e—10 针插头，红色，在左 A 柱下方插座上 3 号位；
V27—右后车窗升降器马达，在右后车门上；V148—副驾驶员侧车窗升降器马达，
在副驾驶员侧车门上；A62—连接线，在仪表板线束内

任务 8.2　电动车窗的检修

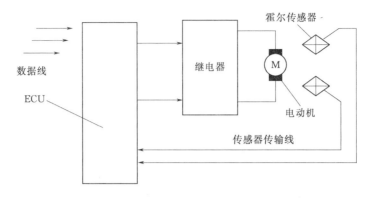

图 8.24　防夹电动车窗的电路原理

所谓"视觉"，是一套光学控制系统。它检测有无异物在电动车窗移动范围内，从而控制玻璃移动，无需异物直接接触到玻璃。这个光学控制系统的主要元件是光学传感器，它由红外线发射器和接收器组成，安装在车窗的内饰件上，能连续精确地扫描指定的区域。这个区域一般指车窗玻璃向上移动时，距离车窗开口框上边缘 4~200mm 范围内。一旦检测到有异物，传感器会把信息反馈至 ECU，ECU 发出指令使电动机停止运转。由于这种装置小巧，装嵌隐蔽，控制技术先进，所以有人称之为"智能无接触防夹玻璃"。

8.2.3　电动车窗系统的故障检修

【案例】　大众朗逸驾驶员门侧电动车窗升降困难，阻力大，有异响，检修步骤如下。

（1）把点火开关旋转至节能电源挡，把故障车窗玻璃下降 1/3 高度；然后关闭点火开关，拆下蓄电池负极。

（2）旋出螺钉，拆下驾驶员侧车门内饰板。

（3）拔下升降器主控开关插接头，拆卸主控开关。

（4）从窗升降装置电动机上取下外罩。

（5）旋转电枢，门窗玻璃往下移至组合架安装孔的高度，拧松玻璃固定螺丝，取下车窗玻璃。

（6）拧松玻璃升降器总成固定螺丝，取下玻璃升降器总成。

（7）检查玻璃升降器的钢丝是否有损坏，如果有损坏产生倒刺，会导致运行阻力。应更换升降器总成。

（8）检查玻璃安装固定架是否变形。

（9）检查玻璃夹紧密封条是否污染沙尘，如有脏污，用万能泡沫清洁器清洁后装回。

（10）清洁所有升降器部件，安装完工。

【实操任务单】

电动玻璃升降器检查与更换作业工单

班级：_____　组别：_____　姓名：_____　指导教师：_____

整车型号	

续表

车辆识别代码		
发动机型号		
任务	作业记录内容	备注
一、前期准备	正确组装三件套（方向盘套、座椅套、换挡手柄套）、翼子板布和前格栅布。□ 工位卫生清理干净。□	环车检查车身状况
二、操作步骤	1. 将车辆引入工位，清理工位卫生排除障碍物，准备好相关工具。□ 2. 将车辆停驻在举升机平台位置。□ 3. 拉紧驻车制动器，并将变速器至于____挡位或____挡，打开发动机舱。□ 4. 把护裙板粘贴在汽车翼子板上，要求把翼子板全覆盖。□ 5. 安装方向盘、挂挡杆、座套和铺设地板护垫，其主要作用是_____。□ 6. 打开点火开关，检查升降器是否工作正常，如果不正常应检查。□ 7. 拔下升降器保险丝，检查保险丝工作是否正常，否则应更换。□ 8. 拔下升降器供电插头，测试是否正常供电____V，若供电良好，应检修和更换升降器总成。□ 9. 用万用表____挡检测刮升降器电机线圈是否正常导通，否则应更换。□ 10. 安装升降器总成时，应注意是否有卡滞和异响的现象。□ 11. 更换和装配夹紧密封条时，应该清洁玻璃。□ 12. 作业完毕，打开升降器，检测工作性能。□	
三、竣工检查	将工具和物品摆放归位。□ 整个过程按 6S 管理要求实施。□	

思　考　题

1. 汽车电动车窗升降系统由哪几部分组成？

2. 电动车窗控制原理是怎么样？

任务 8.3 中控门锁系统的检修

【学习目标】

知识目标：

（1）了解汽车中控门锁系统的组成及特点。

（2）了解汽车中控门锁系统的使用方法。

（3）了解汽车中控门锁系统的工作原理。

能力目标：

（1）能够在实车上找到相应的中控门锁系统部件，分辨出每一部件的名称和作用。

（2）能够按照规范程序从实车上拆装中控门锁系统。

（3）能够根据中控门锁系统的故障现象，在不进行拆解的情况下初步分析故障的原因。

（4）学会查阅汽车维修手册等资料，看懂中控门锁系统的控制电路。

（5）能够运用汽车检测仪器设备并结合拆解总成的方式确定故障点，提出解决方案并排除故障。

【相关知识】

为方便司机和乘客开关车门，轿车均安装了中央控制门锁系统（中央门锁）。中控门锁可使驾驶员在锁住或打开自己的车门的同时，也可锁住或打开其他的车门。了解其结构原理，掌握其常见故障分析方法和排除故障的能力才能更好地为汽车售后提供服务。

8.3.1 汽车中控门锁系统的组成

中控门锁系统一般由门锁控制开关、钥匙操纵开关、门锁总成、行李箱开启器及门锁总成等组成，如图8.25所示。

1. 门锁开关

大多数汽车的中控门锁系统在驾驶人车门上设有总控制开关，当驾驶人操作此开关

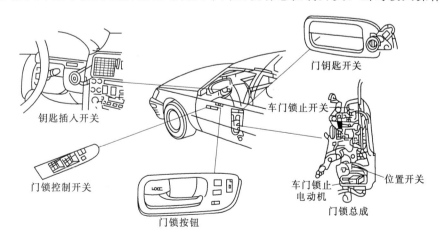

图 8.25 中控门锁的组成

时，所有车门将同时上锁或开锁。另外，前车门钥匙锁芯内部（通常只在驾驶人车门）内置门锁开关。当用钥匙通过锁芯打开车门或给车门上锁时，触发此开关，使所有车门实现中控开锁或上锁。如图 8.26 所示为现代轿车上车内中控锁开关的位置。

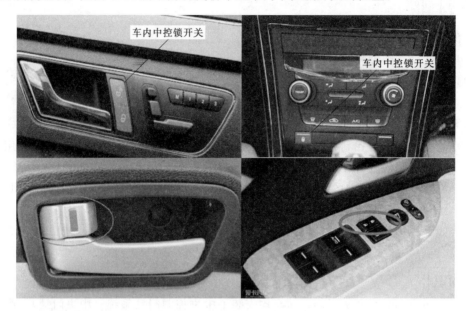

图 8.26　门锁控制开关的位置

2. 门锁总成

门锁总成主要由门锁电动机、锁杆、位置开关、门锁开关和连接杆等组成，如图 8.27 所示。

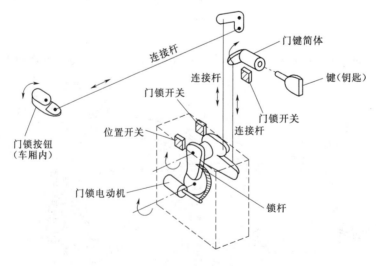

图 8.27　门锁总成

3. 钥匙操纵开关

钥匙操纵开关装在每个前门的钥匙门上，当从外面用钥匙开门或关门时，钥匙位置开关便发出开门或锁门的信号给门锁控制 ECU 或门锁控制继电器。

4. 行李箱门开启器开关

一般该开关位于仪表板下面或驾驶员座椅左侧车厢底板上，拉动此开关便能打开行李箱门，如图 8.28 所示。行李箱的钥匙门靠近其开启器，推压钥匙门，断开行李箱内主开关，此时再拉开扁器开关也不能打开行李箱门。将钥匙插进钥匙门内顺时针旋转打开钥匙门，主开关接通，这样便可用行李箱门开启器打开行李箱。

5. 行李箱门开启器

行李箱门开启器装在行李箱门上，一般用电磁线圈代替电动机，由轭铁、插棒式铁芯、电磁线圈和支架组成，如图 8.29 所示。当电磁线圈通电时，插棒式铁芯将轴拉入并打开行李箱门。

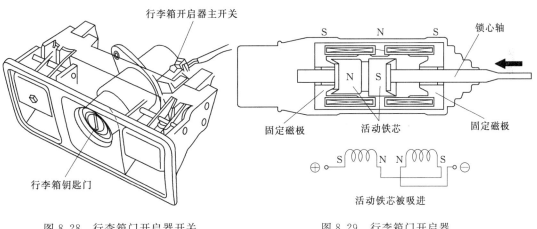

图 8.28　行李箱门开启器开关　　　　　图 8.29　行李箱门开启器

8.3.2　中央门锁控制电路

门锁控制器有继电器式、集成电路（IC）-继电器式、电脑（ECU）控制式等。

1. 继电器控制的中控门锁系统

图 8.30 所示为使用门锁继电器的中控门锁控制电路。

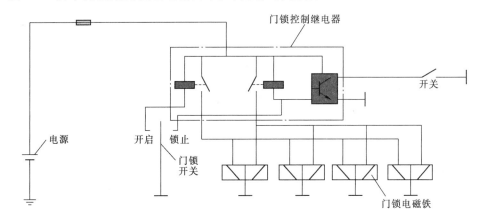

图 8.30　门锁继电器控制的中控门锁电路

其工作过程如下：当用钥匙转动锁芯使门锁开关中的"开启"触点闭合时，电流便经过蓄电池的正极、熔断丝、开锁继电器线圈、门锁开关搭铁，开锁继电器开关闭合，电流经门锁电动机或门锁电磁线圈，四个车门同时打开。

当用钥匙转动锁芯使门锁开关中的"锁止"触点闭合时，锁止继电器通电使其触点闭合，四个车门同时锁住。开关受车速控制，可以实现自动闭锁。

2. 集成电路（IC）-继电器控制的中控门锁系统

如图8.31所示门锁控制器由一块集成电路（IC）和两个继电器组成，IC电路可以根据各种开关发出的信号来控制两个继电器的工作。此电路中的D和P代表驾驶员侧和副驾驶员侧。

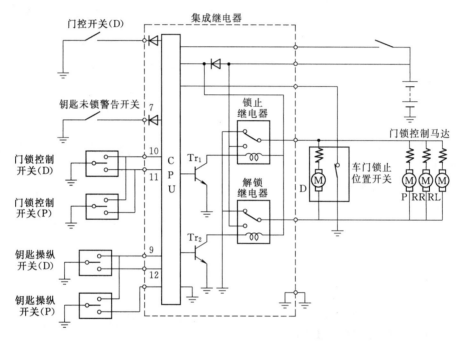

图8.31 集成电路（IC）-继电器控制的中控门锁系统

（1）用门锁控制开关锁门和开锁。

1）锁门。将门锁控制开关推向锁门（LOCK）一侧时，门锁继电器的端子10通过门锁控制开关搭铁，将Tr₁导通。当Tr₁导通时，电流流至锁止继电器线圈，锁止继电器开关闭合，电流流至门锁电动机，所有车门均被锁住。

2）开锁。将门锁控制开关推向开锁（UNLOCK）一侧时，门锁继电器的端子11通过门锁控制开关搭铁，将Tr₂导通。当Tr₂导通时，电流流至解锁继电器线圈，解锁继电器开关闭合，电流反向通过门锁电动机，所有的车门打开。

（2）用钥匙操纵开关锁门和开锁。

1）锁门。将钥匙操纵开关转向锁门一侧时，门锁继电器的端子12通过门锁控制开关搭铁，将Tr₁导通。当Tr₁导通时。电流流至锁止继电器线圈，锁止继电器开关闭合，电流流至门锁电动机，所有车门均被锁住。

2）开锁。将钥匙操纵开关推向开锁一侧时，门锁继电器的端子 9 通过门锁控制开关搭铁，将 Tr_2 导通。当 Tr_2 导通时，电流流至解锁继电器线圈，解锁继电器开关闭合，电流反向通过门锁电动机，所有的车门打开。

3. 遥控门锁系统

为了便于操作，现在很多汽车的中控门锁系统均配备了遥控发射器来控制车门的开与锁、行李箱门的开与锁，以及灯光、喇叭的控制等，极大地方便了驾驶员。同时车门锁又是车身上被操作最多的部件之一，也是车身舒适性得以实现最基本的一环。但从防盗和安全的角度来讲，车门和车门锁更要坚固，遥控门锁系统使正常开启和非法侵入的操作途径分离开来，合法使用者可通过射频遥控进行操作，享受它的便捷和舒适，而非法侵入者却只能面对坚固的机械机构束手无策。

遥控门锁的基本原理是通过遥控门锁的发射器发出微弱电波，此电波由汽车天线接收后送至中控门锁系统中的 ECU 进行识别对比，若识别对比后的代码一致，ECU 便把信号送至执行器来完成相应的动作。

4. 大众朗逸直流电动机式门锁执行机构组成和原理

（1）驾驶员侧门内联锁开关结构电路图。驾驶员侧门内联锁开关 E150 可以由驾驶员在车内通过此开关控制所有车门的上锁和解锁，如图 8.32 和图 8.33 所示。当用钥匙通过锁芯打开车门或给车门上锁时，触发此开关，使所有车门实现中控开锁或上锁，如图 8.34 所示。

（2）驾驶员侧门锁执行机构电路图。如图 8.35～图 8.37 所示，通过驾驶员侧门锁电机 V56 和副驾门锁电机 V57 的电流方向受舒适便利中央控制系统控制，当通过的电流方向为锁，门锁立即执行锁止动作。解锁动作也是同样道理。

8.3.3　中控门锁系统的故障检修

【案例】　大众朗逸中控门锁失灵，现象是用钥匙从外面开不了驾驶员侧的门锁。经过初步判断是门锁执行机构内锁芯与门锁联动开关的连接线出现脱落，需进行拆解检查，步骤如下。

（1）把玻璃升高后拆下蓄电池负极，如图 8.38 所示，

（2）拆下门内饰板，拔下门内控制单元各个插接头，如图 8.39 所示。

（3）旋松门锁执行机构的固定螺钉，如图 8.40 所示，同时拧松玻璃升降器滑轨支架的螺钉，留出空间取出门锁执行机构。

（4）拧松锁芯固定螺丝，拔下连接钢丝，取出锁芯，如图 8.41 所示。

（5）脱开门内拉手的连接线，如图 8.42 所示。

（6）检查门锁执行机构总成，如图 8.43 所示。

（7）经检查，锁芯连接钢丝与门锁联动处脱落，重新安装完毕，功能恢复。

（8）检查门锁执行机构其他连接处是否有变形，脱落现象。

（9）装复门锁执行机构。

（10）清洁归位所有设备工具，安装完工。

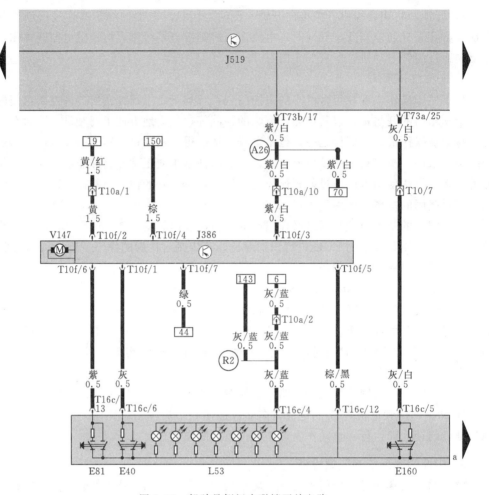

图 8.32　驾驶员侧门内联锁开关电路

E40—左前车窗升降器开关，在驾驶员侧车门上；E81—右前车窗升降器开关，在驾驶员侧车门上；E150—驾驶员
侧车内联锁开关，在驾驶员侧车门上；J386—驾驶员侧车门控制单元，在驾驶员侧车门上；J519—BCM 车身
控制器，在仪表板左侧下方；L53—车窗升降器开关照明灯泡；T10—10 针插头，棕色，在左 A 柱下方
插座上 2 号位；T10a—10 针插头，黑色，在左 A 柱下方插座上 1 号位；T10f—10 针插头，黑色，驾驶员
侧车门控制单元插头；T16c—16 针插头，棕色，车窗升降器联锁开关插头；T73a—73 针插头，
黑色，BCM 车身控制器插头，在 BCM 车身控制器 A 号位；T73b—73 针插头，白色，BCM 车
身控制器插头，在 BCM 车身控制器 B 号位；V147—驾驶员侧车窗升降器马达，在驾驶员
侧车门上；Ⓐ26—连接线，在仪表板线束内；Ⓡ2—连接线，在驾驶员车门线束内

图 8.33　大众朗逸门锁开关

图 8.34　钥匙锁芯控制联锁开关

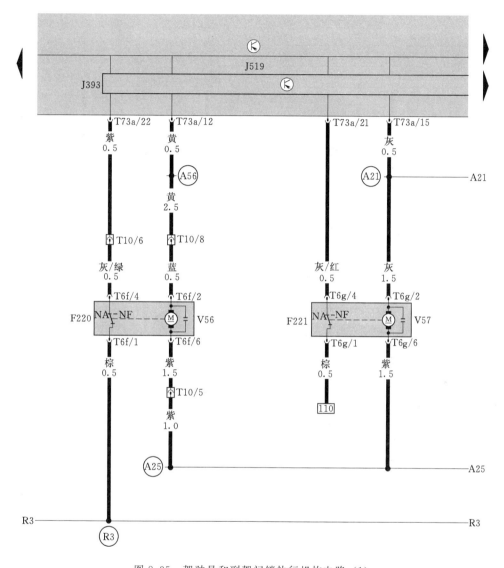

图 8.35　驾驶员和副驾门锁执行机构电路（1）

F220—驾驶员侧中央门锁闭锁单元，在驾驶员侧车门锁内；F221—副驾驶员侧中央门锁闭锁单元，在副驾驶员
侧车门锁内；J393—舒适/便利功能系统中央控制单元；J519—BCM 车身控制器，在仪表板左侧下方；
T6f—6 针插头，黑色，驾驶员侧中央门锁闭锁单元插头；T6g—6 针插头，黑色，副驾驶员侧中央门
锁闭锁单元插头；T10—10 针插头，棕色，在左 A 柱下方插座上 2 号位；T73a—73 针插头，黑色，
BCM 车身控制器插头，在 BCM 车身控制器 A 号位；V56—驾驶员车门中央门锁马达，在驾驶员
侧车门锁内；V57—副驾驶员车门中央门锁马达，在副驾驶员侧车门锁内；(A21)—连接线，
在仪表板线束内；(A25)—连接线，在仪表板线束内；(A56)—连接线，在仪表板线束内；
(R3)—接地连接线（31），在驾驶员车门线束内

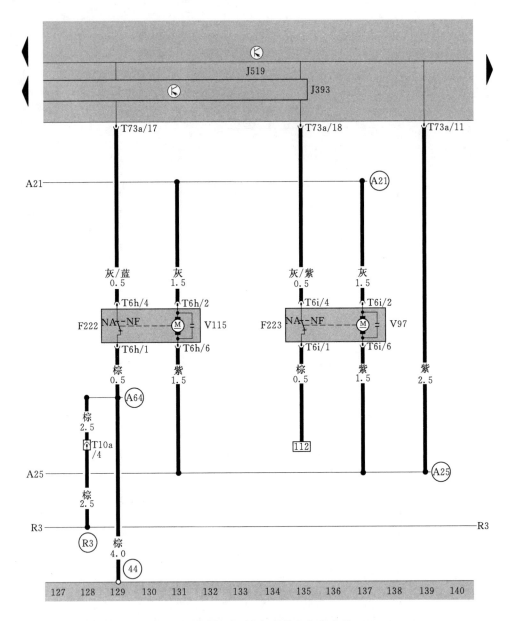

图 8.36 驾驶员和副驾门锁执行机构电路（2）

F222—左后中央门锁闭锁单元，在左后车门锁内；F223—右后中央门锁闭锁单元，在右后车门锁内；
J393—舒适/便利功能系统中央控制单元；J519—BCM车身控制器，在仪表板左侧下方；T6h—6
针插头，黑色，左后中央门锁闭锁单元插头；T6i—6针插头，黑色，右后中央门锁闭锁单元插头；
T10a—10针插头，黑色，在左A柱下方插座上1号位；T73a—73针插头，黑色，BCM车身
控制器插头，在BCM车身控制器A号位；V97—右后车门中央门锁马达，在右后车门锁内；
V115—左后车门中央门锁马达，在左后车门锁内；44—接地点，在左A柱下方；A21—连接
线，在仪表板线束内；A25—连接线，在仪表板线束内；A64—接地连接线（31），
在仪表板线束内；R3—接地连接线（31），在驾驶员车门线束内

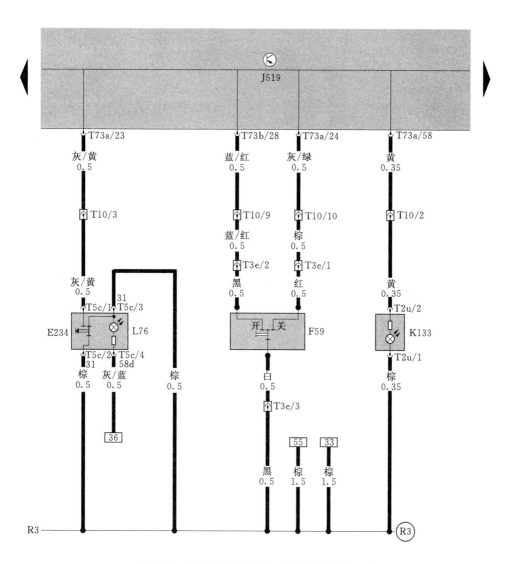

图 8.37 驾驶员和副驾门锁执行机构电路（3）

E234—后行李箱盖把手开锁按钮，在驾驶员侧车门饰板上；F59—驾驶员侧中央门锁开关，在驾驶员
侧车门锁内；J519—BCM 车身控制器，在仪表板左侧下方；K133—中央门锁指示灯 - SAFE -，
在驾驶员侧车门饰板上；L76—按钮照明；T2u—2 针插头，黑色，中央门锁指示灯 - SAFE -
插头；T3e—3 针插头，黑色，驾驶员侧中央门锁开关插头；T5c—5 针插头，黑色，后行李
箱盖把手开锁按钮插头；T10—10 针插头，棕色，在左 A 柱下方插座上 2 号位；T73a—73
针插头，黑色，BCM 车身控制器插头，在 BCM 车身控制器 A 号位；T73b—73 针插头，
白色，BCM 车身控制器插头，在 BCM 车身控制器 B 号位；R3—接地
连接线（31），在驾驶员车门线束内

图 8.38　拆下蓄电池负极

图 8.39　拆下门内饰板

图 8.40　门锁执行机构的固定螺钉

图 8.41　门锁执行机构的钥匙锁

图 8.42　脱开门内拉手的连接线

图 8.43　门锁执行机构

【实操任务单】

<table>
<tr><td colspan="2" align="center">门锁执行机构总成检查与更换作业工单
班级：_____ 组别：_____ 姓名：_____ 指导教师：_____</td></tr>
<tr><td>整车型号</td><td></td></tr>
<tr><td>车辆识别代码</td><td></td></tr>
<tr><td>发动机型号</td><td></td></tr>
</table>

续表

任务	作业记录内容	备注
一、前期准备	正确组装三件套（方向盘套、座椅套、换挡手柄套）、翼子板布和前格栅布。□ 工位卫生清理干净。□	环车检查 车身状况
二、操作步骤	1. 将车辆引入工位，清理工位卫生排除障碍物，准备好相关工具。□ 2. 将车辆停驻在举升机平台位置。□ 3. 拉紧驻车制动器，并将变速器至于____挡位或____挡，打开发动机舱。□ 4. 把护裙板粘贴在汽车翼子板上，要求把翼子板全覆盖。□ 5. 安装方向盘、挂挡杆、座套和铺设地板护垫，其主要作用是_____。□ 6. 用钥匙开关中控门锁，检查门锁是否工作正常，如果不正常应检查。□ 7. 拔下门锁中控单元保险丝，检查保险丝工作是否正常，否则应更换。□ 8. 拔下门锁执行机构总成供电插头，测试是否正常供电____V，若供电良好，应检修和更换门锁执行机构总成。□ 9. 用万用表____挡检测门锁执行机构总成直流电机线圈是否正常导通，否则应更换。□ 10. 安装门锁执行机构总成时，应注意是否有卡滞或者不动作不回位等现象。□ 11. 更换和装配时，应该注意清洁零部件。□ 12. 作业完毕，开关门锁执行机构，检测工作性能。□	
三、竣工检查	将工具和物品摆放归位。□ 整个过程按 6S 管理要求实施。□	

思　考　题

1. 汽车门锁中控系统由哪几部分组成？

2. 门锁中控原理是怎么样？

任务8.4　电动后视镜的检修

【学习目标】

知识目标：

（1）了解汽车电动后视镜的组成。

（2）掌握汽车电动后视镜工作原理及检修。

能力目标：

（1）能够分析汽车电动后视镜的控制电路与工作原理。

（2）能够掌握电动后视镜的故障排除方法。

（3）掌握安全操作规程和操作规范。

【相关知识】

后视镜是驾驶员坐在驾驶室座位上直接获取汽车后方、侧方和下方等外部信息的工具。为了驾驶员操作方便，防止行车安全事故的发生，保障人身安全，汽车上必须安装后视镜，且所有后视镜都必须能调整方向。现在的汽车多采用电动后视镜，通过电动开关调整后视镜的位置，操作简便。

8.4.1　汽车电动后视镜的组成

如图8.44所示，汽车的电动后视镜一般由电动后视镜片、镜片固定架、驱动电动机、操纵开关及控制电路组成。在每个后视镜镜片的背后都有两个可逆电动机，操纵其上下左右运动。通常垂直方向的倾斜运动由一个永磁电动机控制，水平方向的倾斜运动由另一个永磁电动机控制。

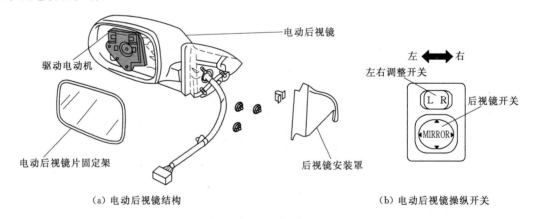

（a）电动后视镜结构　　　　　　　　　　　　　（b）电动后视镜操纵开关

图8.44　电动后视镜的结构和操纵开关

8.4.2　汽车电动后视镜的控制电路与工作原理

电动后视镜的工作原理控制电路是通过选择开关和调整开关进行控制，选择开关选择是左侧还是右侧的电动后视镜；调整开关具有上、下、左、右共四个位置，通过电动后视镜内的两个电动机来调节镜面角度的上、下偏转和左、右偏转，使其达到理想的位置。

现以北京现代索纳塔轿车左侧后视镜中两个电机的工作情况为例（右侧后视镜同理），若要调节左后视镜垂直方向的倾斜程度，则应按下"上/下"按钮；若要调节左后视镜水平方向的倾斜程度，则应按下"左/右"按钮。

1. 后视镜向上调节

如图8.45所示电动后视镜开关"上/下"开关中的箭头开关均与"上"接通，此时电流的方向为：电源→熔断丝30→开关端子3→"上右"端子→选择开关中的"左"→端子7→左电动后视镜连接端子8→"上/下"电动机→端子6→开关端子5→上1→开关端子6→搭铁，形成回路，这时左后视镜向上调节。

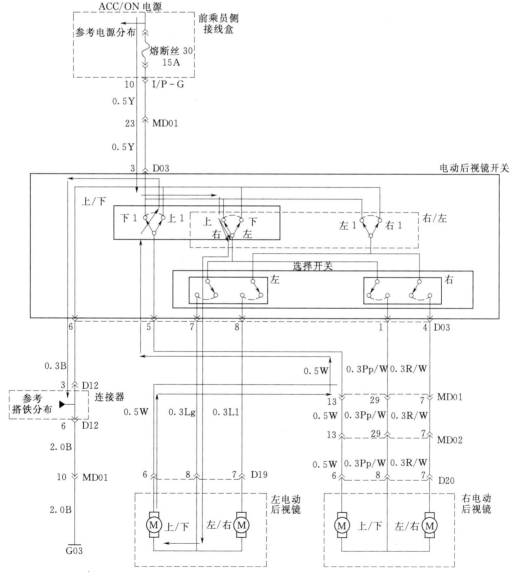

图8.45 电动后视镜向上调节控制流程图

2. 后视镜向下调节

图 8.46 所示电动后视镜开关"上/下"开关中的箭头开关均与"下"接通，此时的电流方向为：电源→熔断丝 30→开关端子 3→下 1→开关端子 5→左电动后视镜连接端子 6→"上/下"电动机→左电动后视镜连接端子 8→开关端子 7→选择开关中的"左"→"下左"端子→开关端子 6→搭铁，形成回路，此时后视镜向下调节。

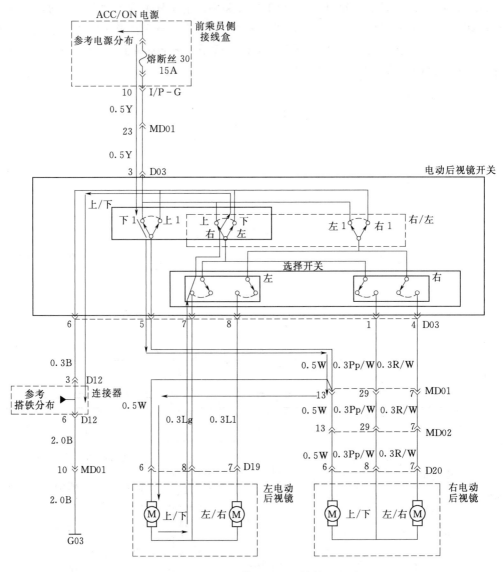

图 8.46　电动后视镜向下调节控制流程图

3. 后视镜向左调节

图 8.47 所示电动后视镜开关"左/右"开关中的箭头开关均与"左"接通，此时的电流方向为：电源→熔断丝 30→开关端子 3→左 1→开关端子 8→左电动后视镜连接端子 7→"左/右"电动机→左电动后视镜连接端子 8→开关端子 7→选择开关中的"左"→"下左"

端子→开关端子 6→搭铁，形成回路，此时后视镜向左调节。

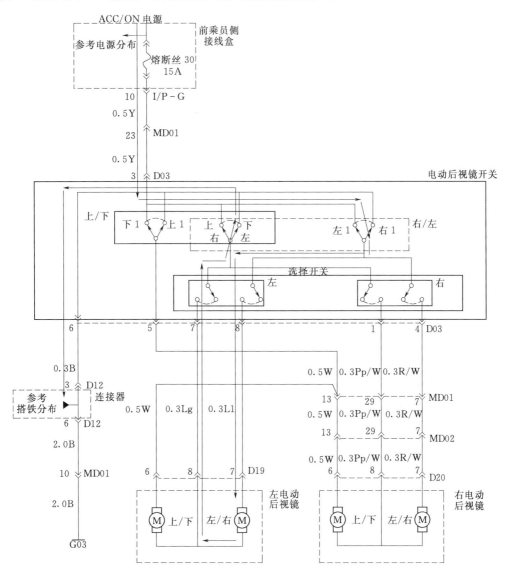

图 8.47　电动后视镜向左调节控制流程图

4. 后视镜向右调节

图 8.48 所示电动后视镜开关"左/右"开关中的箭头开关均与"右"接通，此时的电流方向为：电源→熔断丝 30→开关端子 3→上右→开关端子 7→左电动后视镜连接端子 8→"左/右"电动机→左电动后视镜连接端子 7→开关端子 8→选择开关中的"左"→"右1"端子→开关端子 6→搭铁，形成回路，此时后视镜向右调节。

8.4.3　电动后视镜常见故障诊断检修

1. 电动后视镜不工作

故障可能的原因：

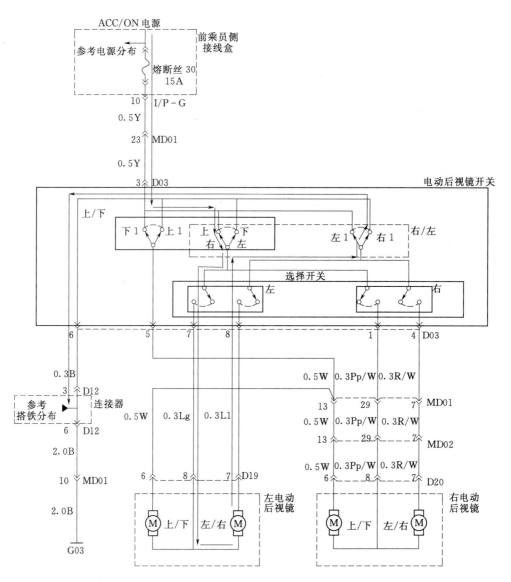

图 8.48 电动后视镜向右调节控制流程图

（1）保险丝熔断。

（2）搭铁断路或插接件松脱。

（3）电动机故障。

（4）开关故障。

诊断与排除（图 8.49）：

（1）对保险丝进行通断检测。

（2）对搭铁线进行检测，插接件松脱检查。

（3）对电动机进行检测。

（4）对开关进行检测。

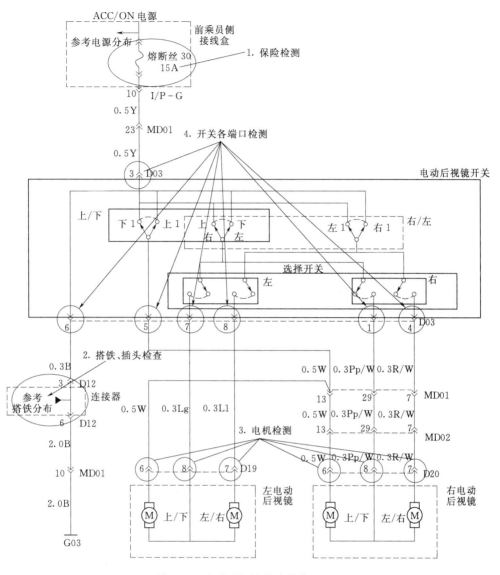

图 8.49　电动后视镜故障检修原理图

2. 电动后视镜部分功能不正常

故障可能的原因：

（1）搭铁断路或插接件松脱。

（2）电动机故障。

（3）开关故障。

诊断与排除（图 8.49）：

（1）对搭铁线进行检测，插接件松脱检查。

（2）对电动机进行检测。

（3）对开关进行检测。

【实操任务单】

电动后视镜检修作业工单

班级：_____组别：_____姓名：_____指导教师：_____

整车型号	
车辆识别代码	

任务	作业记录内容	备注
一、前期准备	正确组装三件套（方向盘套、座椅套、换挡手柄套）、翼子板布和前格栅布。□ 工位卫生清理干净。□	环车检查车身状况
二、检测电动后视镜保险	后视镜保险情况：正常□　不正常□	
三、后视镜总成拆装	1. 用内饰拆装工具，拆下门角撑内护板；□ 2. 用梅花螺丝刀拆下调整支架；□ 3. 用手握住后视镜总成，将后视镜总成线束从门框线束座孔中穿出，取下后视镜总成。□	
四、检查搭铁、插接头	1. 搭铁情况：_____ 2. 插接头情况：_____	
五、电机检测	左/右电机情况：_____ 上/下电机情况：_____	
六、控制开关检测	电动后视镜控制开关的工作状态	

电动后视镜控制开关的工作状态

触点\状态	左上	右下	上	下	左	右	现状
向左调整	△				△		
向右调整		△				△	
向上调整	△		△				
向下调整		△		△			

七、竣工	整个过程按 6S 管理要求实施。□	

思　考　题

1. 汽车电动后视镜的组成？

2. 电动后视镜是如何进行控制的？

任务 8.5 电动后座椅的检修

【学习目标】

知识目标：

(1) 掌握电动座椅的组成和各部分功用。

(2) 掌握电动座椅的工作原理及检修。

能力目标：

(1) 能够分析电动座椅的控制电路。

(2) 能够掌握电动座椅的故障排除方法。

(3) 掌握安全操作规程和操作规范。

【相关知识】

汽车座椅的主要功能是为驾驶员提供便于操作、舒适而又安全的驾驶位置，以及为乘员提供不易疲劳、舒适而又安全的乘坐位置。座椅调节的目的就是使驾驶员和乘员乘坐舒适。通过调节还可以变动坐姿，减少乘员长时间乘车的疲劳。

现代轿车座椅的调节正向多功能化发展，使座椅的安全性、舒适性、操作性日益提高。有 8 自由度调节功能的电动座椅如图 8.50 所示。

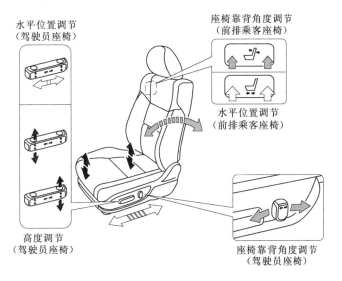

图 8.50 具有 8 自由度调节功能的电动座椅

电动座椅前后方向的调节量一般为 100～160mm，座位前部与后部的上下调节量约为 30～50mm。全程移动调节所需时间约为 8～10s。

8.5.1 电动座椅的组成

电动座椅结构一般由若干个双向电动机、传动装置、控制开关和控制系统等组成。

1. 双向电动机

电动座椅多采用永磁式双向直流电动机，如图 8.51 所示，即电枢的旋转方向随电流

图 8.51　永磁式双向直流电动机

的方向改变而改变，使电动机按不同的电流方向进行正转或反转，以达到座椅调节的目的。为防止电机过载，电机内一般都装有断路器。

2. 传动装置

传动装置的作用是将电动机的动力传给座椅调节装置，使其完成座椅的调整。它主要由调整电动机、蜗轮、蜗杆、齿条、导轨、心轴和位置传感器等组成如图 8.52 所示。

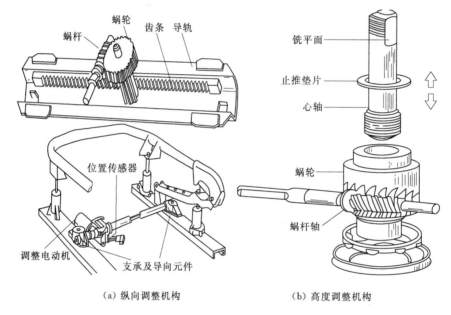

（a）纵向调整机构　　　　（b）高度调整机构

图 8.52　电动座椅传动装置

3. 控制开关

如图 8.53 所示控制装置接受驾驶员或乘员输入的命令，控制执行机构完成电动座椅的调整。

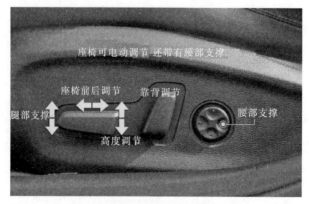

图 8.53　电动座椅控制开关

4. 电动座椅的控制系统

电动座椅利用调整开关可控制电流流经电动机的方向，从而控制座椅的运动。

（1）普通电动座椅。图 8.54 所示为别克君威轿车驾驶员座椅控制电路，座椅中共有四个电动机，分别对座椅前部上下、座椅后部上下、靠背前后和座椅水平前后调节。以电动座椅前后调节为例其控制电路为：

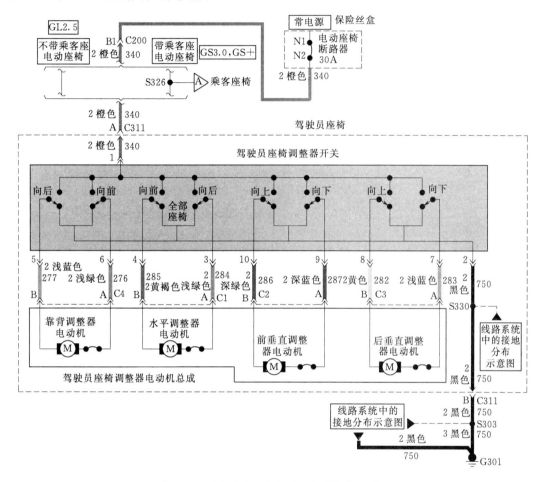

图 8.54　别克君威轿车驾驶员座椅控制电路图

1）向前调节。当按下座椅向前按钮时，驾驶员座椅调整器开关的 1 脚与 4 脚接通、3 脚与 2 脚接通。控制回路由常电源→熔丝盒内 30A 电动座椅断路器 N1－N2→驾驶员座椅调整器开关的 1 脚→驾驶员座椅调整器开关的 4 脚→驾驶员座椅水平调整器电动机总成→驾驶员座椅调整器开关的 3 脚→驾驶员座椅调整器开关的 2 脚→搭铁，此时座椅向前移动。

2）座椅向后。当按下座椅向后按钮时，驾驶员座椅调整器开关的 1 脚与 3 脚接通、4 脚与 2 脚接通。常电源→熔丝盒内 30A 电动座椅断路器 N1－N2→驾驶员座椅调整器开关的 1 脚→驾驶员座椅调整器开关的 3 脚→驾驶员座椅水平调整器电动机总成→驾驶员座椅调整器开关的 4 脚→驾驶员座椅调整器开关的 2 脚→搭铁，此时座椅向后移动。

　　其他方向调节原理与此相似。每个电机内部均设有断路器用于防止过载，如果电机过载，断路器电阻增加，电路断路。当电机两端的工作电压取消后，电路恢复正常。

　　（2）带存储功能的电动座椅。带存储功能的电动座椅是在普通电动座椅的基础上增加了一套具有存储记忆功能的电子控制系统，调整装置除能改变座椅的前后、高低、靠背倾斜及头枕等的位置外，还能存储座椅位置的若干个数据，当座椅位置调好后，按下储存开关，电控装置就把各位置传感器的信号储存起来，以备下次恢复座椅位置时再用。当下次使用时，只要一按位置复位开关，座椅 ECU 便驱动座椅电机，将座椅调整到原来位置。该控制系统包含有座椅位置传感器、ECU、存储和复位开关。图 8.55 所示为带存储功能的电动座椅基本组成和控制电路示意图。

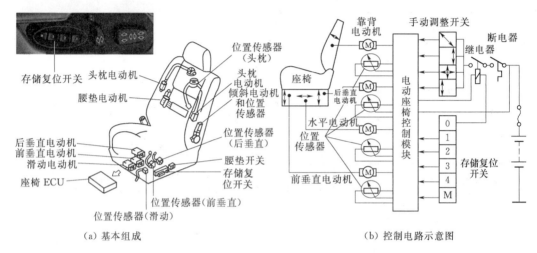

（a）基本组成　　　　　　　　　　　　　　　（b）控制电路示意图

图 8.55　带存储功能的电动座椅基本组成和控制电路示意图

8.5.2　电动座椅常见故障

　　1. 座椅完全不能动作

　　故障现象：打天点火开关"ON"挡，座椅所有开关调节完全不能动作。

　　故障原因：

　　（1）熔断器熔断。

　　（2）电源电路及其搭铁线路断路。

　　（3）线路插接件松旷。

　　（4）座椅开关故障。

　　故障诊断与排除：

　　（1）检查熔断器是否熔断。

　　（2）检查电源电路及其搭铁线路是否有故障检。

　　（3）查线路及其插接件是否松旷。

　　（4）检查座椅开关是否损坏。

　　2. 某个方向不能动作

　　故障现象：打天点火开关"ON"挡，将座椅开关按上下前后时有某个方向不能动作。

故障原因：

（1）该方向对应的电动机损坏。

（2）座椅开关损坏。

（3）该方向对应线路断路。

故障诊断与排除：

（1）检测该方向对应的电动机的好坏。

（2）检测座椅开关工作是否正常。

（3）检测该方向对应线路是否有短路或断路。

【实操任务单】

<table>
<tr><td colspan="3" align="center">普通电动座椅检修作业工单
班级：_____组别：_____姓名：_____指导教师：_____</td></tr>
<tr><td>整车型号</td><td></td><td></td></tr>
<tr><td>车辆识别代码</td><td></td><td></td></tr>
<tr><td align="center">任务</td><td align="center">作业记录内容</td><td align="center">备注</td></tr>
<tr><td>一、电动座椅的拆卸</td><td>1. 拆卸座椅头枕总成。□
2. 拆卸座椅内外滑轨盖。□
3. 移动电动座椅到合适位置拆下座椅前后侧的固定螺栓。□
4. 断开蓄电池负极 90s 后，断开座椅下面的连接器。□
5. 拆卸电动座椅调节开关旋钮。□
6. 拆卸电动座椅开关。□</td><td></td></tr>
<tr><td>二、检查搭铁、插接头</td><td>1. 搭铁情况：_____
2. 插接头情况：_____</td><td></td></tr>
<tr><td>三、电机检测</td><td>水平电机情况：_____
靠背电机情况：_____
前垂直电机情况：_____
后垂直电机情况：_____</td><td></td></tr>
<tr><td>四、控制开关检测</td><td>查阅维修手册，根据电路图用万用表检测插接器各端子之间的导通状态，判断调节开关的好坏。
水平控制开关情况：_____
靠背倾斜开关情况：_____
前后垂直开关情况：_____</td><td></td></tr>
<tr><td>五、竣工</td><td>安装电动座椅。□
整个过程按 6S 管理要求实施。□</td><td></td></tr>
</table>

思 考 题

1. 汽车电动座椅的组成？
2. 电动座椅是如何进行控制的？
3. 电动座椅常见故障？

任务 8.6 电动风窗除霜的检修

【学习目标】

知识目标：

（1）了解汽车后风窗除霜系统的组成。

（2）掌握后风窗除霜系统的工作原理及检修。

能力目标：

（1）能够分析后风窗除霜系统的控制电路。

（2）掌握安全操作规程和操作规范。

【相关知识】

汽车风窗玻璃在下雪天或气温较低的情况下易结冰结霜，刮水器是无法完全清除冰霜的，此时会严重影响驾驶员视线，因此汽车必须安装有除霜装置。对于装备全自动空调系统的汽车，在前风窗玻璃的下方安装有暖气管，选择空调热风模式，鼓风机送风选择前风窗"除霜"模式，此时鼓风机大部分暖气流吹向挡风玻璃，可以对风窗玻璃除雾和防止结霜。对于后风窗玻璃除霜，情况要复杂一些，因为轿车暖气管道的布置受到限制。所以后挡风玻璃多采用电加热的方式对后窗玻璃除雾。目前，大多数轿车采用电阻丝加热的方法，在轿车后窗玻璃上有一条条水平平行的黄色细铜线（其间距大约 40mm）如图 8.56 所示，这些铜线（电栅）的一端连接起来并搭铁，另外一端也连接起来接到控制开关上，这种装置就是后窗除雾器，又称为"除霜器"。

8.6.1 后风窗玻璃除霜系统的组成

1. 手动控制除霜系统

手动控制除霜系统由电源、控制开关（图 8.57）、连接线路和电热丝等组成。其工作

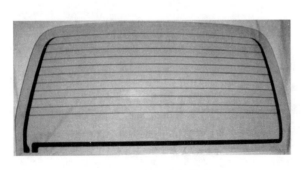

图 8.56 后风窗电热丝

前风窗除霜开关及指示灯

后风窗除霜开关及指示灯

图 8.57 控制开关

过程控制电路原理如图 8.58 所示。

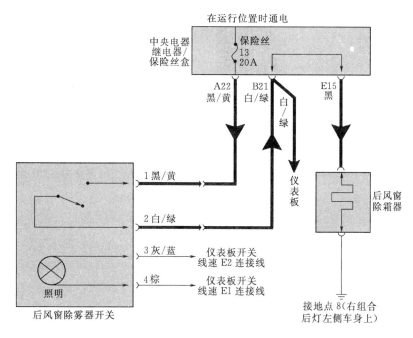

图 8.58 手动控制除霜系统控制电路

在点火开关 ON 的情况下,如果需要除霜,只要按下后窗除霜器开关,此时使除霜电路及指示灯接通,电热丝镀装在后窗玻璃的内表面上,由数条正温度系数的细小镍铬丝形成,通电后给后窗玻璃上的电阻丝产生 25～30℃ 的微温即可防止结霜,耗电量约为 30～50W。除霜结束后,关闭后窗除霜器开关除霜指示灯熄灭电热丝停止发热。

2. 自动控制除霜系统

自动控制除霜系统由电源、控制开关、温度传感器、控制模块、连接线路和电热丝组成。温度传感器安装在后风窗玻璃上,采用热敏电阻,结霜越厚,阻值越小。后风窗玻璃自动控制除霜装置电路如图 8.59 所示。

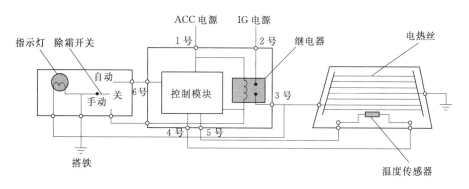

图 8.59 自动控制除霜系统控制电路

自动控制除霜系统工作过程如下：

（1）当除霜开关置"自动"位置时，若结霜达到一定厚度，温度传感器电阻值减小到某一设定值时，控制模块1号和6号脚导通，继电器线圈通电，继电器触点闭合。由点火开关 IG 接线柱通过工作的继电器向风窗电热丝供电，同时点亮控制开关上的指示灯，表示除霜系统正在工作。当玻璃上结霜减少到某一程度后，传感器电阻值增大，控制模块切断1号和6号脚导通，继电器线圈触点断开，风窗电热丝断电，除霜系统停止工作，同时指示灯灭。

（2）当除霜开关置"手动"位置时，继电器线圈可经手动开关直接搭铁，继电器触点闭合，由点火开关 IG 接线柱通过工作的继电器向风窗电热丝供电，同时点亮控制开关上的指示灯。当玻璃上结霜减少到某一程度后，此时除霜系统不会自动停止，需要手动关闭。

（3）当除霜开关置"关"位置时，控制电路及指示灯电路被断开，除霜系统及指示灯均不工作。

8.6.2 后风窗玻璃除霜系统常见的故障

1. 指示灯不亮除霜系统开启不了

故障现象：打天点火开关"ON"挡，按下后风窗玻璃除霜开关，开关指示灯不点亮后风窗玻璃不加热。

故障原因：

（1）控制电路保险损坏。

（2）控制开关损坏。

（3）搭铁线路断路。

故障诊断与排除：

（1）检测控制电路保险的好坏。

（2）检测控制开关工作是否正常。

（3）检测搭铁线路是否有断路。

2. 指示灯点亮除霜系统开启不了

故障现象：打天点火开关"ON"挡，按下后风窗玻璃除霜开关，开关指示灯点亮但后风窗玻璃不加热。

故障原因：

（1）控制开关损坏。

（2）搭铁线路断路。

（3）电热丝主干线断路。

故障诊断与排除：

（1）检测控制开关工作是否正常。

（2）检测搭铁线路是否有断路。

（3）检测电热丝主干线路是否有断路。

【实操任务单】

电动风窗除霜器检查作业工单		
班级：_____组别：_____姓名：_____指导教师：_____		
整车型号		
车辆识别代码		
发动机型号		
任务	作业记录内容	备注
一、前期准备	正确组装三件套（方向盘套、座椅套、换挡手柄套）、翼子板布和前格栅布。□ 工位卫生清理干净。□	环车检查车身状况
二、操作步骤	1. 将车辆引入工位，清理工位卫生排除障碍物，准备好相关工具。□ 2. 将车辆停驻在举升机平台位置。□ 3. 拉紧驻车制动器，并将变速器至于____挡位或____挡，打开发动机舱。□ 4. 把护裙板粘贴在汽车翼子板上，要求把翼子板全覆盖。□ 5. 安装方向盘、挂挡杆、座套和铺设地板护垫，其主要作用是_____。□ 6. 打开点火开关，检查后风窗除霜器是否工作正常，如果不正常应检查。 ①开关指示灯是否点亮：是□　否□ ②则检查保险是否正常：正常□　不正常□ ③测试控制开关是否正常：正常□　不正常□ ④测试电热丝是否有断路：有□　没有□ ⑤检测搭铁是否正常：正常□　不正常□ 7. 判别故障点及产生原因。	
三、竣工检查	将工具和物品摆放归位。□ 整个过程按 6S 管理要求实施。□	

思 考 题

汽车电动后风窗除霜系统由哪几部分组成？

汽 车 空 调 系 统

【项目引入】

现代的车辆，基本上都安装有空调，在炎热的夏天里，只要打开空调，所有的炎热都被挡在车外了，车内提供了一个最适宜驾驶员和乘客的工作环境。小白同学想要学好汽车空调的知识，以便在工作岗位能检修汽车空调系统，如何入手呢？

任务 9.1 汽车空调的基础知识

【学习目标】

知识目标：

（1）了解制冷系统的作用、组成和工作原理。

（2）了解暖风系统的作用、组成和工作原理。

（3）掌握空调系统的作用、组成和工作原理。

能力目标：

（1）认识汽车空调系统各组成部件及其作用。

（2）掌握汽车空调系统的检修。

【相关知识】

随着汽车技术的进步，人们对生活质量和工作环境的舒适性的要求也随之提高，现代汽车几乎都配备了空调系统。如图 9.1 所示，汽车空调系统可用来实现对车内空气换气、净化、制冷、供暖以及对车窗玻璃除霜、除雾等工作，使车内空气清新并保持适宜的温度和湿度，使车窗玻璃洁净、明亮，给驾驶员和乘车人员一个舒适的乘车环境。汽车空调已经成为汽车功能和设备配置方面的一项重要内容。

图 9.1　汽车空调系统

汽车空调技术在汽车上不仅得到广泛的应用，而且它的技术水平发展很快，在实际维修工作中，我们接触最多主要是制冷和供暖系统故障。

汽车空调按其功能分可分为制冷系统、暖风系统、通风系统、空气净化系统和控制操纵系统五个部分。

9.1.1　制冷系统

　　如图 9.2 所示，对车内的空气或车外吸进来的新鲜空气进行冷却除湿，降低车内的温度和湿度。此外制冷系统还具有净化空气的作用。

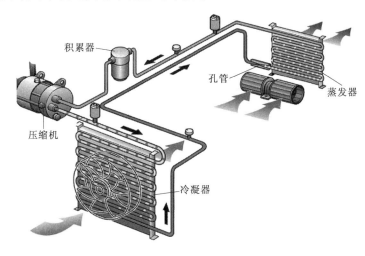

图 9.2　制冷系统

9.1.2　暖风系统

　　如图 9.3 所示，轿车的暖风系统一般利用发动机冷却液的热量，将发动机的冷却液引入车室内的暖风加热器中，对车内的空气和车外吸进来的新鲜空气进行加热，通过鼓风机将被加热的空气吹入车内，以提高车内空气的温度，同时暖风系统还可以对前风窗玻璃进行除霜、除雾。

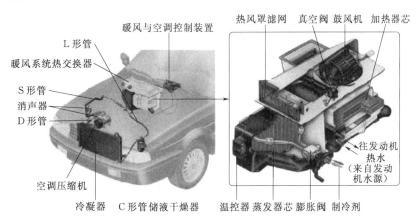

图 9.3　暖风系统

9.1.3　通风系统

　　通风系统的作用是把把车外的新鲜空气吸进车内进行换气，并调节车内的气流，如图

9.4 所示。通风分为自然通风和强制通风，自然通风是利用汽车行驶时，根据车外所产生的风压，在适当的地方开设进风口和出风口来实现通风换气；强制通风是采用鼓风机强制外部空气进入的方式。这种方式在汽车行驶时，常与自然通风一起工作。

9.1.4 空气净化系统

如图 9.5 所示，空气净化系统一般由空气过滤器等组成，用以对进入的空气进行过滤及对空气进行杀菌消毒、去除异味，不断除去车内灰尘，保持车内空气清新，多在高级轿车上采用。

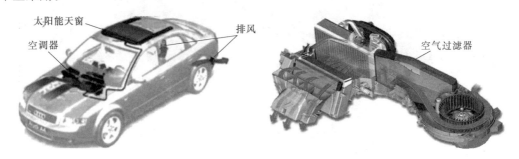

图 9.4 通风系统 图 9.5 空气净化系统

9.1.5 控制操纵系统

如图 9.6 所示，控制操纵系统的功用是控制空调系统工作，实现制冷、采暖和通风。控制操纵系统主要由空气混合控制伺服电动机、蒸发器传感器、加热器、气流方式控制电动机、车内气温传感器、太阳能传感器和微电脑等组成。控制操纵系统一方面对制冷和暖风系统的温度、压力进行控制，另一方面对车室内空气的温度、风量、注射进行操纵控制，从而完善了空调系统的各项功能，保证了系统的正常工作。

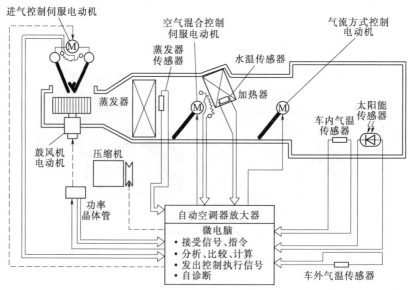

图 9.6 控制操纵系统

空调系统控制操纵有手动控制和自动控制之分。手动空调需要驾驶员通过旋钮或拨杆对控制对象进行调节，如图 9.7 所示；自动空调只需要驾驶员输入目标温度，空调系统便可按照驾驶员的设定自动进行调节，如图 9.8 所示。

图 9.7　手动空调控制面板

图 9.8　自动空调控制面板

【实操任务单】

汽车空调系统的认知 班级：_____　组别：_____　姓名：_____　指导教师：_____		
整车型号		
车辆识别代码		
发动机型号		
任务	作业记录内容	备注
一、前期准备	正确组装三件套（方向盘套、座椅套、换挡手柄套）、翼子板布和前格栅布。☐ 工位卫生清理干净。☐	环车检查 车身状况
二、机舱内部	1. 压缩机的位置。☐ 2. 冷凝器的位置。☐ 3. 储液干燥瓶的位置。☐ 4. 集液器的位置。☐ 5. 膨胀阀的位置。☐ 6. 蒸发器的位置。☐	
三、驾驶室内部	写出空调控制面板各按键的功能和操作： _____ _____ _____ _____	
五、竣工检查	汽车整体检查（复检）。☐ 整个过程按 6S 管理要求实施。☐	

思 考 题

1. 汽车制冷空调系统由什么零部件组成？
2. 讲述汽车制冷空调的工作原理。
3. 绘制汽车制冷空调系统的示意图。

任务 9.2　压 缩 机 的 更 换

【学习目标】

知识目标：

（1）了解制冷系统的种类、结构组成和工作原理。

（2）了解空调维修所需的工具。

能力目标：

（1）掌握空调维修工具的使用。

（2）掌握空调制冷系统检修的基本操作。

（3）掌握压缩机的更换操作技术。

【相关知识】

通常情况下，空调出现异味或制冷效果下降等情况时，对空调系统的保养只需要更换空调滤芯，清理冷凝器、蒸发箱和出风口的灰尘及杂物，检查压缩机皮带、检测出风口的温度即可。

但如果出风口温度不够低或压缩机（图 9.9）有异响等问题，说明空调制冷系统出现故障了，首先检查系统制冷剂是否充足，如有缺失，则需要对系统进行泄漏维修，然后进行抽真空、加制冷剂。而如果压缩机有异响，则说明压缩机内部磨损严重，造成间隙过大，需要更换压缩机及相关部件，并对系统进行全面清洗。

空调压缩机　　获取动力

图 9.9　汽车空调系统压缩机

制冷系统的作用是将车内的热量通过制冷剂在循环系统中循环转移到车外，实现车内降温。制冷系统主要包括制冷循环系统和控制系统等部分。

9.2.1　制冷系统的分类、组成及工作原理

1. 制冷系统的分类、组成

汽车空调制冷系统采用以 R12（氟利昂）或 R134a（新型无氟环保型制冷剂）为制冷剂的蒸气压缩式制冷循环系统，目前车辆上主要采用膨胀阀式或膨胀管式制冷循环系统。

图 9.10 所示为膨胀阀式制冷循环系统，主要由压缩机、冷凝器、储液干燥器、冷凝器风扇、膨胀阀和蒸发器等部件组成。各部件用耐压金属管或特制的耐压橡胶软管依次连接形成一个封闭的系统，系统内充有一定量的制冷剂和压缩机机油。

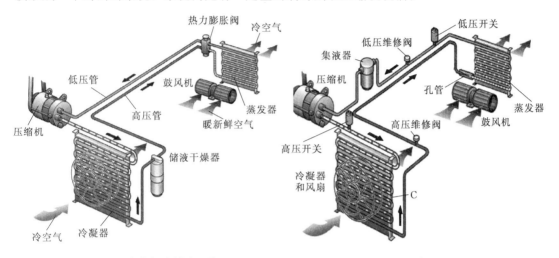

图 9.10　膨胀阀式制冷系统　　　　图 9.11　节流管式制冷系统

图 9.11 所示为节流管式制冷循环系统，主要由压缩机、冷凝器、集液器、冷凝器风扇、节流管和蒸发器等部件组成。

2. 制冷系统的工作原理

制冷系统在工作过程中，制冷剂以不同的状态在这个密闭系统内循环流动，每一循环有四个基本过程，如图 9.12 所示。

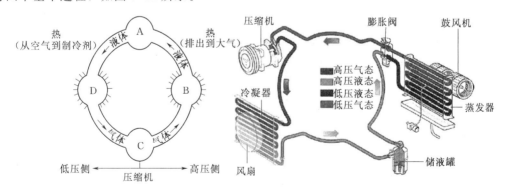

图 9.12　制冷系统的工作原理

（1）压缩过程。压缩机将蒸发器低压侧温度约为 0℃、气压约 0.15MPa 的低温低压气态制冷剂增压成高温约 70～80℃、高压约 1.5MPa 的气态制冷剂。高压高温的过热制

冷剂气体被送往冷凝器冷却降温。

（2）冷凝过程。过热气态制冷剂进入冷凝器，散热冷凝为液态制冷剂，使制冷剂的状态发生变化。冷凝过程的后期，制冷剂呈中温，气压约为 1.0～1.2MPa 的过冷液体。

（3）膨胀过程。冷凝后的液态制冷剂经过膨胀阀后体积变大，其压力和温度急剧下降，变成低温约 $-5℃$、低压约为 0.15MPa 的湿蒸气，以便进入蒸发器中迅速吸热蒸发。在膨胀过程中同时进行节流控制，以便供给蒸发器所需的制冷剂，从而达到控制温度的目的。

（4）蒸发过程。液态制冷剂通过膨胀阀变为低温低压的湿蒸气，流经蒸发器不断吸热气化转变成低温约为 0℃、低压约为 0.15MPa 的气态制冷剂，吸收车内空气的热量。从蒸发器流出的气态制冷剂又被吸入压缩机，增压后泵入冷凝器冷凝，进行制冷循环。

制冷循环就是利用有限的制冷剂在封闭的制冷系统中，反复地将制冷剂压缩、冷凝、膨胀、蒸发，不断在蒸发器中吸热气化，对车内空气进行制冷降温。

9.2.2　制冷剂和冷冻油

如图 9.13 所示，制冷剂（俗称冷媒）是制冷系统中的一种工作介质，通过自身的"相态"的变化来实现热交换，从而达到制冷的目的。目前使用的制冷剂有 R12 和 R134a 两种，现代车使用制冷剂多为 134a（R-134a），R134a 的分子式为 CH_2FCF_3，这是一种无毒、不可燃、清澈、无色、且经过液化的气体。

空调压缩机使用的润滑油称为冷冻机油（图 9.14），它必须能在高温和低温条件下都能正常工作。冷冻机油的功用主要是润滑压缩机轴承、活塞等零件表面。此外，冷冻机油还具有密封作用。随制冷剂循环，系统中的冷冻油不能多也不能少。

图 9.13　R134a 制冷剂　　　　　图 9.14　冷冻润滑油

国产冷冻机油牌号有 13 号、18 号、25 号和 30 号四种。进口冷冻机油有 SUNISO 3GS、SUNISO 4GS、SUNISO 5GS 三种牌号。通常选用国产 18 号和 25 号冷冻机油，或进口 SUNISO 5GS 冷冻机油。

9.2.3　制冷系统的主要机件

1. 压缩机

压缩机（图 9.15）是汽车空调制冷系统的心脏，其作用是吸入来自蒸发器的低温、低压的气态制冷剂，压缩为高温、高压的气态制冷剂，并将制冷剂送往冷凝器。

汽车空调压缩机常见的类型有斜盘式压缩机、旋叶式压缩机、滚动活塞式压缩机、涡

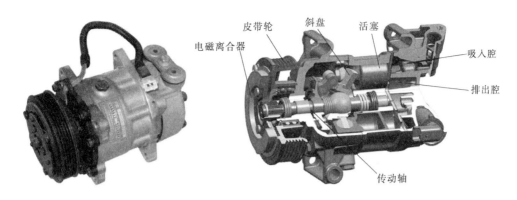

图 9.15 压缩机

旋式压缩机、摆盘式压缩机、曲轴连杆式压缩机等。

2. 冷凝器

汽车空调制冷系统中的冷凝器是一种由管子与散热片组合起来的热交换器。冷凝器的作用是将压缩机送来的高温、高压的气态制冷剂转变为液态制冷剂，制冷剂在冷凝器中散热而发生状态的改变。因此冷凝器是一个热交换器，将制冷剂在车内吸收的热量通过冷凝器散发到大气当中。小型汽车的冷凝器通常安装在汽车的前面（一般安装在散热器前），通过风扇进行冷却（冷凝器风扇一般与散热器风扇共用，也有车型采用专用的冷凝器风扇）。冷凝器一般安装在水箱前面且与水箱在同一垂直平面内（中型客车安装在车身两侧或车身后侧，并用高速冷凝风扇提高散热能力），以保证良好的通风散热性。

汽车空调冷凝器有管片式、管带式及平行流式三种结构形式。如图 9.16 所示为平行流冷凝器，由圆筒集管、铝制内肋管、波形散热翅片及连接管组成。它是专为 R134a 而研制的新结构冷凝器。

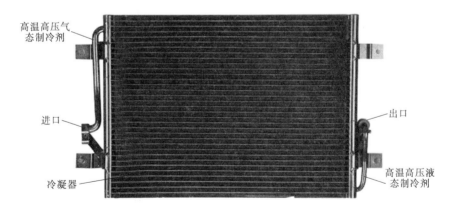

图 9.16 平行流冷凝器结构

在安装冷凝器时，需注意如下两点：

（1）连接冷凝器的管接头时，要注意哪里是进口、哪里是出口，顺序绝对不能接反。否则会引起制冷系统压力升高、冷凝器胀裂的严重事故。

（2）未装连接管接头之前，不要长时间打开管口的保护盖，以免潮气进入。

3. 蒸发器

蒸发器的作用是将经过节流降压后的液态制冷剂在蒸发器内沸腾汽化，吸收蒸发器表面周围空气的热量而降温，风机再将冷风吹到车室内，达到降温的目的。汽车空调蒸发器有管片式、管带式、层叠式三种结构，如图 9.17 所示。

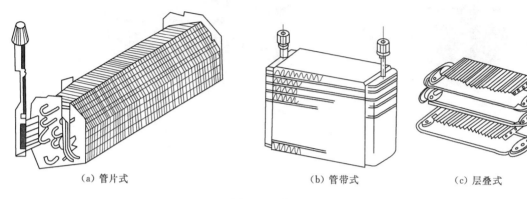

（a）管片式	（b）管带式	（c）层叠式

图 9.17　蒸发器

4. 储液干燥器和集液器

储液干燥器串联在冷凝器与膨胀阀之间的管路上，使从冷凝器中来的高压制冷剂液体经过滤、干燥后流向膨胀阀。结构主要由过滤器、干燥剂、目镜等组成，如图 9.18 所示。有些储液干燥器上还装有高低压组合开关，在异常高温、高压下或压力异常低时，停止压缩机工作，保护系统。在制冷系统中，它起到储液、干燥和过滤液态制冷剂等作用。

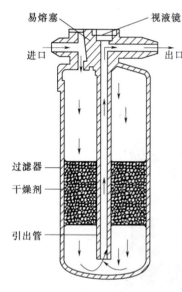

图 9.18　储液干燥器

储液干燥器的安装需要注意：

（1）干燥瓶要直立安装，倾斜度不能大于 15°。

（2）安装空调系统时，干燥瓶必须装在最后。

（3）不同制冷剂所装干燥瓶不一样，不能混用。

如图 9.19 所示为集液器（又称吸气集液器），装在蒸发器出口和压缩机进口之间，顾名思义它是保证压缩机"吸气"冲程中，吸入的制冷剂只能是气态而不是液态。

集液器能够捕获从蒸发器（未蒸发成气态）流出的液态制冷剂，防止它们进入压缩机，液态制冷剂进入压缩机会引起严重的损害（液态制冷剂不可压缩，形成过压甚至爆裂）。集液器的另一重要功能是其内部装有干燥剂，干燥剂是一种化学物质，它能搜集、吸收因不恰当检修过程而进入系统的水气。

5. 膨胀阀和膨胀管

（1）膨胀阀。如图 9.20 所示，膨胀阀是汽车空调制冷系统的高压与低压的分界点，它将系统的高压侧与低压侧分隔开，阀内可变化毛细管只能允许很小流量的制冷剂进入蒸发器，通过阀的制冷剂流量由蒸发器温度所控制，毛细管内有一"锥形针"阀心，阀心提升或下降可以改变其开度大小，当阀全开时，直径为0.2mm。制冷剂刚通过恒温膨胀阀后还是液态，只有极少量的液态制冷剂在这一刻因急剧的压降而蒸发，随着压力下降，全部通过蒸发器的制冷剂开始沸腾，在制冷剂达到蒸发器出口处，所有的液体应该沸腾蒸发完毕。当制冷剂沸腾蒸发时，从流过蒸发器翅片和盘管的空气中吸热，从而使空气降温。

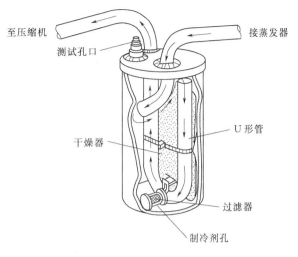

图 9.19　集液器

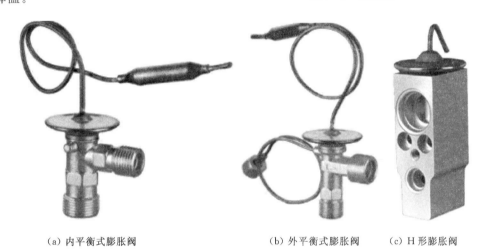

（a）内平衡式膨胀阀　　　　（b）外平衡式膨胀阀　　（c）H 形膨胀阀

图 9.20　膨胀阀

（2）膨胀管。如图 9.21 所示，膨胀阀是固定孔口节流装置。两端都装有滤网，以防止系统堵塞。和膨胀阀一样，孔管也装在系统高压侧，但是取消了储液干燥器，因为孔管直接连通冷凝器出口和蒸发器进口。孔管不能改变制冷剂流量，液态制冷剂有可能流出蒸发器出口，因此，装有孔管的系统，必须在蒸发器出口和压缩机进口之间，安装一个集液器，实行气液分离，以防液态制冷剂冲击压缩机。

9.2.4　汽车空调维修工具的使用

汽车空调的维修过程中，除了常用的拆卸工具外，还要用到一些专用的空调维修工具，如歧管压力表、真空泵、制冷剂加注、回收多功能机、制冷剂注入阀、温湿度计、检漏设备等。

1. 歧管压力表

压力检测装置中最常用的是歧管压力表，歧管压力表包括了高低压表头、管接头、手动阀以及连通用维修软管等，使用测量及控制比较方便。

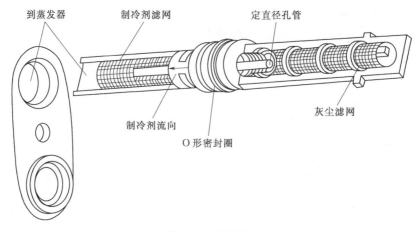

图 9.21   膨胀管

（1）歧管压力表的组成。歧管压力表装置有两块仪表，一个表用来测系统低压侧（压缩机进口）压力，另一个表用来测系统高压侧（压缩机出门）压力，如图 9.22 所示，歧管压力表由低压表头、高压表头、低压手动阀、高压手动阀、高压管接头、中间管接头、低压管接头等组成。

图 9.22   歧管压力表装置

高压表头指示系统高压侧压力。在正常情况下，高压侧压力很少超过 2.068MPa，为留有裕量和安全，高压表头的最大指示为 3.5MPa。高压表头虽然在 0kPa 以下没有刻度，但抽真空时不会损坏。

制冷维修软管用于系统的维修阀和歧管压力表之间的连接，用于歧管压力表和制冷剂回收（以及抽真空）装置、制冷剂充灌装置之间的连接（图 9.23）。

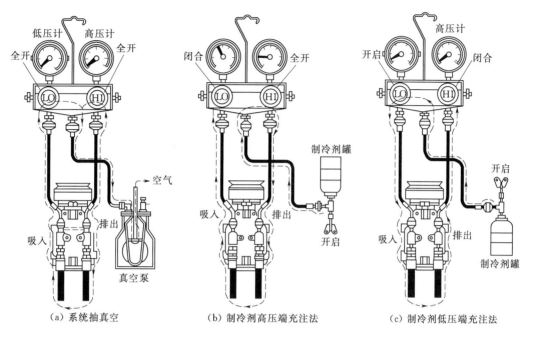

图 9.23　制冷系统维修软管的连接

（2）歧管压力表的使用方法。如图 9.24 所示，当两个手动阀均关闭，可用于检测高

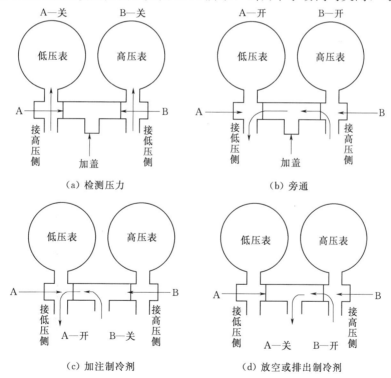

图 9.24　歧管压力表的使用

压侧和低压侧的压力；当两个手动阀均开启，内部通道全部相通。如果接上真空泵，就可以对系统抽真空；当低压手动阀开启，高压手动阀关闭，此时可以从低压侧向制冷系统充注气态制冷剂；当低压手动阀关闭，高压手动阀开启，此时可使系统放空，排出制冷剂，也可以从高压侧向制冷系统充注液态制冷剂。

2. 真空泵

在安装、检修空调制冷系统时，会有一定量的空气和水蒸气进入制冷系统中，这会使制冷系统在工作时膨胀阀发生冰堵，冷凝器压力升高，对系统零部件产生腐蚀。因此，对制冷系统检修后，在未加入制冷剂之前，应对系统抽真空，而抽真空的彻底与否，将会影响系统的正常运行效果。

真空泵一般为叶片式旋转泵，工作时在电动机带动下旋转，靠偏置旋转的叶片产生抽吸作用，使被抽的空调系统形成真空条件，从而降低系统内的压力，排除系统内的空气和水分。真空泵的功用就是对制冷系统抽真空，排除系统内的空气和水分。抽真空并不能把水抽出系统，而是产生真空后降低了水的沸腾点。水在较低压力下沸腾，以蒸汽的形式从系统中抽出。维修空调时真空泵的连接如图9.25所示。

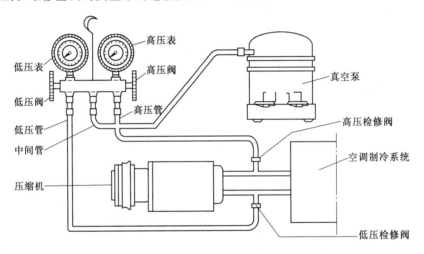

图9.25 真空泵的连接

3. 制冷剂加注、回收多功能机

在汽车空调系统的维修中常常要对系统抽真空或加注、回收制冷剂。目前，市场上常见的有进口和国产两种多功能机。在汽车空调系统的维修中常常要对系统抽真空或加注、回收制冷剂。如图9.26所示，制冷剂回收/再生/充注机由功能键面板、显示屏、低压表、高压表、高、低压表开关阀、设备机体（里面装有制冷剂罐）、冷冻油瓶、真空泵和连接软管等组成。

4. 制冷剂注入阀

为便于维修汽车空调和随车携带，制冷剂生产商制造了一种小罐制冷剂（一般为250g左右），但要将它注入汽车空调制冷系统中，需要有配套注入阀（图9.27）才能开罐。

当向制冷系统允注制冷剂时，可将注入阀装在制冷剂罐上，旋转制冷剂注入阀手柄，阀针刺穿制冷剂罐，即可充注制冷剂。其具体使用方法如下：

234

图 9.26 制冷剂回收、加注一体机

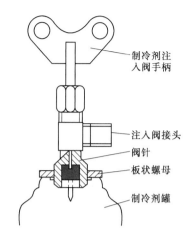

制冷剂注入阀手柄

注入阀接头
阀针
板状螺母
制冷剂罐

图 9.27 制冷剂注入阀

（1）按逆时针方向旋转注入阀手柄，直到阀针退回为止。

（2）将注入阀装到制冷剂罐上，逆时针方向旋转板状螺母直到最高位置，然后将制冷剂注入阀顺时针方向拧动，直到注入阀嵌入制冷剂密封塞。

（3）将板状螺母按顺时针方向旋转到底，再将歧管压力表上的中间软管固定到注入阀的接头上。

（4）拧紧板状螺母。

（5）按顺时针方向旋转手柄，使阀针刺穿密封塞。

（6）若要充注制冷剂，则逆时针方向旋转手柄，使阀针抬起，同时打开歧管压力表上的手动阀。

（7）若要停止加注制冷剂，则顺时针方向旋转手柄，使阀针再次进入密封塞，起到密封作用，并同时关闭歧管压力表上的手动阀。

5. 检漏设备

拆装或检修汽车空调制冷系统管道，更换零部件之后，需要对制冷系统进行制冷剂的泄漏检查。简单的方法是利用肥皂液即可，复杂的方法则需要利用电子空调检漏仪等工具。

（1）气泡检查法［图 9.28（a）］。把溶液（通常采用肥皂水）涂抹在可能出现泄漏的地方，泄出的气体就会形成气泡。如果泄漏轻微，在泄漏的地方就会产生一个大气泡；如果泄漏严重，就会产生很多气泡，很易发现和鉴别。但这种气泡检测法有它的局限性，如在不易涂抹或面积太大不能涂抹的地方，如压缩机前端盖处、冷凝器，就不方便检查，还有微小的泄漏也很难查出。因此，气泡检测法只能用做粗检，在检漏过程中还要和其他检漏设备一起使用。

（2）着色剂。用棉球蘸着制冷剂着色剂，涂在可能出现泄漏的地方，这种着色剂一碰到制冷剂，就会变成红色。这种方法和气泡检测法一样方便准确，但价格较贵，修理厂一般很少使用。

（3）荧光检漏仪［图 9.28（b）］。这种检漏仪将定量的紫外线敏感染料引入系统，空调运行几分钟就能使染料在系统内流通，然后用一台紫外线灯照出泄漏的精确位置。

（4）电子检漏仪［图9.28（c）］。这种检漏仪可以通过探针吸收任何漏出的制冷剂。这种检漏仪发现制冷剂时，即发出声响报警或发出闪烁光。这是所使用的密封检漏仪中灵敏度最好的检漏仪。

（a）气泡检测法　　　　　　（b）荧光检测设备　　　　　（c）电子检测仪

图 9.28　空调检漏方法

9.2.5　制冷空调系统的维修操作

1. 制冷剂的回收

使用图9.26所示的"制冷剂回收、加注一体"专用设备对空调系统制冷剂进行回收，具体步骤如以下几点：

（1）关闭设备的高低压手动阀，分别将设备的高、低压端压力表组与空调系统的高、低压端维修阀连接（图9.29）。

（2）打开设备的高、低压阀门（如系统只有单个接口时，只打开其中之一）。

（3）按下选择功能键，选择对应的"回收"菜单，再按启动（START）键进行制冷剂回收。

（4）回收过程完成时，自动切换到"排油"过程，"排油"指示灯点闪亮，设备自动排放从系统中回收的废油。

图 9.29　压力表组与空调系统的高、低压端维修阀的连接

在回收过程中以下几点必须予以特别注意：

（1）回收气罐应当只用于盛装回收的制冷剂。不要将不同的制冷剂在回收机或回收气罐中混合。因为这样的混合物无法再循环、再利用。

（2）在向回收气罐排入制冷剂的同时，应注意回收气罐中的重量。因为过量充入制冷剂是很危险的，充入气罐的制冷剂不要超过回收气罐的容许灌入量。在回收气罐上标明是何种制冷剂。

（3）为了防止回收气罐内压力过大，在压缩机的排出口必须装有高压开关，或在回收气罐上安装压力表来控制压力。

2. 系统抽真空

在对制冷系统充注制冷剂之前，系统不能存在空气，因而在加注制冷剂之前请务必进行抽真空的操作。抽真空的目的既可以排除制冷系统内残留的空气和水分，同时又可以进一步检查系统的密闭性，为向系统内充注制冷剂做好准备。系统抽真空具体操作过程如下：

（1）使用制冷剂回收/再生/充注机专用设备进行抽真空。

1）在完成回收过程后，设备会自动进入抽真空过程，也可以手动选择系统抽真空。

2）设定时间（可设 30min）开始抽真空，显示屏会显示抽真空的剩余时间。

3）当运行到显示器的读数为 00.00 时，真空泵自动停机，设备报警，1min 后报警停止，抽真空完毕。

4）关闭设备高、低压阀门，读出面板上高、低压压力表的真空值。等大约 2min，检查此期间高、低压压力表的真空值不应回升。如果真空值有回升，说明系统有泄漏现象或外部连接有泄漏现象，确定泄漏部位并排除之。

5）再重新启动抽真空操作直至系统完全抽空（无泄漏）。

（2）利用歧管压力表和真空泵对系统抽真空。

1）将歧管压力计上的两高、低压软管分别与空调系统的高、低压管的维修阀相接，中间管与真空泵连接。

2）打开歧管压力计上的高、低压手动阀，启动真空泵，并观察两个压力表，系统真空度读数应大于 100kPa。

3）关闭歧管压力计上的高、低压手动阀，观察压力表指示压力是否回升。若回升，则表示系统泄漏，此时应进行检漏和修补。若压力表针保持不动，则打开高、低压手动阀，启动真空泵继续抽真空 15～30min，使其真空压力表指针稳定。

4）关闭歧管压力计上的高、低压手动阀。

5）关闭真空管泵。应先关闭高、低压手动阀，然后关闭真空泵，以防止空气进入制冷系统。

需要注意的事项有：①抽真空时必须将高压和低压侧的管接头与空调系统相连，如果只有一侧管接头与空调系统相连，空调系统会通过其他管接头与大气相通，使空调系统不能保持真空；②空调系统抽真空后必须立即关闭歧管压力表手阀，然后停止真空泵工作。如果这个顺序被颠倒，空调系统将会暂时与大气相通；③空调系统有压力时，不能抽真空。

3. 冷冻油充注

汽车空调制冷系统时通常不需加注冷冻润滑油，但在更换制冷系统部件及发现系统有严重泄漏时，必须补充冷冻润滑油。其补充冷冻润滑油的方法有以下几种：

（1）利用压缩机本身抽吸作用，将冷冻油从低压阀处吸入，这时发动机一定要保持低速运转。

（2）直接加注法。把所需的冷冻油直接加注到制冷系统各元件上，再把制冷系统各元件装在车上。

（3）随制冷剂加注法。把所需的冷冻油加注到歧管压力计的中间软管，再把制冷剂罐接在此软管，然后按加注制冷剂的方法操作即可。

（4）利用抽真空加注冷冻润滑油。冷冻油在抽真空时充入如图9.30所示。首先，将歧管压力表接至空调系统，将空调系统抽真空至92kPa。其次，将规定数量的压缩机油倒入油杯中，并将中央软管放入杯中，如使用专用设备时，直接按下注油按钮即可。其次，打开高压侧手阀，压缩机油从油杯中被吸入空调系统，油杯中油一干，应立即关闭高压侧手阀，以免吸入空气。最后，按抽真空法加注冷冻润滑油后，还应继续对制冷系统抽真空、加注制冷剂。

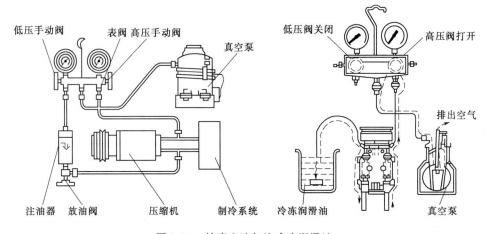

图9.30 抽真空法加注冷冻润滑油

4. 制冷剂的充注

当制冷系统抽真空达到要求，且检漏确定制冷系统不存在泄漏部位后，即可向指令系统加注制冷剂。在加注前，先确定注入制冷剂数量。加注过多或过少，都会影响汽车空调制冷效果。压缩机的铭牌上一般都标有所用的制冷剂的种类及其加注量。充注制冷剂时可采用高压端充注或低压端充注。

高压端充注是指从压缩机排气阀（高压阀）的旁通孔（多用通道）充注，充入的是制冷剂液体（图9.31）。其特点是安全、快速，适用于制冷系统的第一次充注，即经检漏、抽真空后的系统充注。但用该方法时必须注意，充注时不可开启压缩机（发动机停转），且制冷剂要求倒立。具体步骤如下：

（1）当系统抽真空后，关闭歧管压力表上的手动高、低压阀。

（2）将中间软管的一端与制冷剂罐注入阀的接头连接打开制冷剂罐开启阀，再拧开歧管压力计软管一端的螺母，让气体溢出几分钟，然后拧紧螺母。

（3）拧开高压侧手动阀至全开位置，将制冷剂罐倒立。

（4）从高压侧注入规定量的液态制冷剂。关闭制冷剂罐注入阀及歧管压力计上的手动高压阀，然后卸下仪表。从高压侧向系统充注制冷剂时，发动机处于非工作状态（压缩机停转），不要拧开歧管压力计上的手动低压阀，以防产生液压冲击。

低压端充注是指是从压缩机吸气阀（低压阀）的旁通孔（多用通道）充注，充入的是制冷剂气体，如图 9.32 所示，其特点是加注速度慢，可在系统补充制冷剂的情况下使用。具体步骤如下：

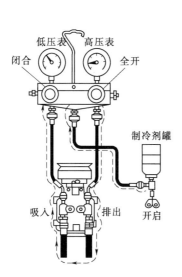

图 9.31 高压端充注

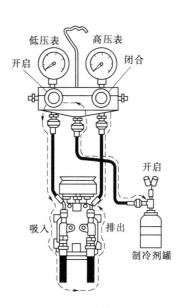

图 9.32 低压端充注

（1）将歧管压力表与压缩机和制冷剂罐连接好。

（2）打开制冷剂罐，拧松中间注入软管在歧管压力表上的螺母，直到听见有制冷剂蒸汽流动声，然后拧紧螺母，从而排出注入软管中的空气。

（3）打开手动低压阀，让制冷剂进入制冷系统。当系统压力达到 0.4MPa 时，关闭手动低压阀。

（4）启动发动机，接通空调开关，并将鼓风机开关和温控开关都调至最大。

（5）再打开歧管压力表上的手动阀，让制冷剂继续进入制冷系统，直至充注剂量达到规定值。

（6）向系统中充注规定量制冷剂后，观察视液窗，确认系统内无气泡、无过量制冷剂。随后将发动机转速调至 2000r/min，将鼓风机风量开到最高挡，若气温为 30～35℃，则系统内低压测压力应为 0.147～0.192MPa，高压侧压力应为 1.37～1.67MPa。

（7）充注完毕后，关闭歧管压力表上的手动低压阀，关闭装在制冷剂罐上的注入阀，使发动机停止运转，等待高压端的压力下降到 1.0MPa 以下时，从压缩机上卸下歧管压力计，动作要迅速，以免过多的制冷剂泄出。

9.2.6 空调压缩机的更换

1. 制冷系统的更换原则

汽车空调制冷系统的部件由于异常磨损、配件质量问题或使用超过年限交通事故造成部件的损坏等，需要对部件进行更换，通常的更换原则如下：

（1）压缩机由于磨损不能使系统建立正常的压力或者产生异响的必须更换，同时储液干燥器、集液器、节流管等要一同更换，并且对整个系统的其他管路及部件要进行彻底清洗，保证绝对的清洁。

（2）蒸发箱、冷凝器和管路等大部分都是由于泄漏而无法维修，必须更换；储液干燥器、集液器是由于超过使用年限或者是脏、堵等原因无法使用，必须更换；膨胀阀、节流管一般是由于脏、堵或本身失效，需要更换。

（3）在更换制冷系统的任何部件后，连接部位的密封圈必须更换（R-134a 系统和 R-12 系统中的密封圈不能互换）。

（4）压缩机上的电磁离合器由于线圈短路或断路造成离合器不能正常工作，需要更换，更换时要十分注意电磁离合器的压盘、转子和线圈之间的间隙。

2. 制冷系统及压缩机的拆卸

在拆卸空调系统前，一定要先将系统制冷剂排空，这一点千万不可马虎。同时，拆卸下来的每个部件及其相连接的管道口应及时塞住，以防潮气进入系统。拆卸时应按下述步骤进行。

（1）打开发动机盖板，安装好车外防护用品。

（2）将空调加注回收一体机连接到空调高低压维修阀上，回收制冷剂，完毕后拆下空调加注回收一体机，如图 9.33 所示。

（3）举升车辆至举升机上部，拆下电磁离合器线束插接器，如图 9.34 所示。

图 9.33　回收制冷剂　　　　图 9.34　拆下电磁离合器插接器

（4）拆下压缩机高低压连接管，并立即用专用堵塞堵住高低压管接头及压缩机端口，如图 9.35 所示。

（5）松开皮带张紧轮支架固定螺栓，转动调整螺栓，松开并取下皮带，如图 9.36 所示。

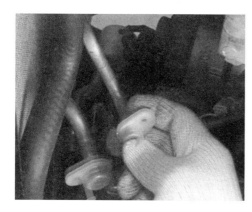

图 9.35 拆下连接管并堵住管接头

图 9.36 松开皮带调节螺栓，拆下皮带

（6）拆卸压缩机固定螺栓，前后各一个，如图 9.37 和图 9.38 所示。

图 9.37 拆卸压缩机前固定螺栓

图 9.38 拆卸压缩机后固定螺栓

（7）取下压缩机。

（8）压缩机的安装与拆卸顺序相反。在每个管接头处清洗干净后，有 O 形密封圈的，要换上新的 O 形密封圈，而且安装时应在每个密封表面涂上一点规定的冷冻油，以提高其密封性能。装配时还应注意以下几点：

1）使用两个开口扳手紧固螺母，防止管路扭曲。

2）按要求安装各管路的接头和各固定螺栓，并按规定的扭矩拧紧。

3）检查所有零部件，保证无损坏，且各相邻的零部件之间互不干涉。

4）压缩机的吸气管与排气管接头要连接可靠，并进行泄漏检查。

5）进行泄漏检验，确保各连接部位没有泄漏现象。

6）对压缩机驱动皮带的松紧要按规定进行调整。

【实操任务单】

更换压缩机的作业工单 班级：＿＿组别：＿＿姓名：＿＿指导教师：＿＿		
整车型号		
车辆识别代码		
发动机型号		
任务	作业记录内容	备注
一、前期准备	正确组装三件套（方向盘套、座椅套、换挡手柄套）、翼子板布和前格栅布。□ 工位卫生清理干净。□	环车检查车身状况
二、拆卸旧压缩机	拆卸步骤：＿＿＿＿＿＿＿＿＿＿ ＿＿＿＿＿＿＿＿＿＿＿＿＿＿ ＿＿＿＿＿＿＿＿＿＿＿＿＿＿ ＿＿＿＿＿＿＿＿＿＿＿＿＿＿ 注意事项：＿＿＿＿＿＿＿＿＿＿ ＿＿＿＿＿＿＿＿＿＿＿＿＿＿ ＿＿＿＿＿＿＿＿＿＿＿＿＿＿	
三、安装新压缩机	安装步骤：＿＿＿＿＿＿＿＿＿＿ ＿＿＿＿＿＿＿＿＿＿＿＿＿＿ ＿＿＿＿＿＿＿＿＿＿＿＿＿＿ ＿＿＿＿＿＿＿＿＿＿＿＿＿＿ 注意事项：＿＿＿＿＿＿＿＿＿＿ ＿＿＿＿＿＿＿＿＿＿＿＿＿＿ ＿＿＿＿＿＿＿＿＿＿＿＿＿＿	
四、竣工检查	汽车整体检查（复检）。□ 整个过程按 6S 管理要求实施。□	

思　考　题

1. 汽车空调常见故障有哪些？

2. 空调系统内有水分的故障现象是什么？如何判断和排除？

3. 空调系统制冷效果不良的故障如何分析和排除？

任务 9.3 制冷空调控制系统的检修

【学习目标】

知识目标：

（1）理解汽车空调的控制装置的结构及原理。

（2）掌握汽车空调电路图的阅读方法和分析。

（3）理解掌握自动空调系统的总体组成、结构及工作原理。

能力目标：

（1）会空调系统控制装置检查和维护的操作技能。

（2）能根据电路图检查空调电路的故障并排除。

【相关知识】

9.3.1 汽车空调系统控制元件

1. 压力开关

压力开关是空调系统的重要元件，它们的作用是保证系统在压力异常的情况下启动相应的保护电路，或者切断压缩机电磁离合器线圈，防止损坏系统部件。

按结构形式分为单向独立式结构和双向组合式结构，如图 9.39 所示。低压开关又称制冷剂泄漏开关，其触点为常闭触点，并与压缩机电磁离合器线圈电路串联。高压开关又分为触点常闭型和触点常开型两种，触点常闭型高压开关触点的断开和恢复压力因车而异，作用是切断电磁离合器线圈电路。触点常开型高压开关的作用是接通冷凝器风扇高速挡。

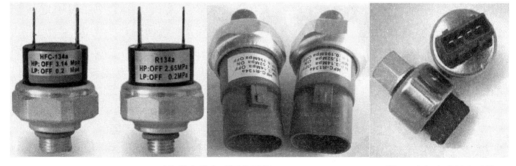

（a）单向独立式压力开关　　　　　　　　（b）双向组合式压力开关

图 9.39　压力开关

高低压双向组合开关可实现低压切断离合器控制电路，高压接通冷凝器风扇或切断离合器控制电路的双重功能。

（1）高压开关。高压开关是用来防止制冷系统在异常的高压下工作，以保护冷凝器和高压管路不会爆裂，压缩机的排气阀不会折断以及压缩机其他零件和离合器不损坏。其作用过程就是当制冷系统压力异常，升高至工作压力上限时，压力开关把压缩机电磁离合器电路断开，压缩机停止工作；当制冷剂压力下降到正常值时，压力开关重新接通压缩机电磁离合器电路，压缩机即可恢复运行。

（2）低压保护开关。当制冷系统的制冷剂不足或泄漏时，冷冻润滑油也有可能随着泄漏，系统的润滑便会不足，压缩机继续运行，将导致严重损坏。低压保护开关的功能就是感测制冷系统高压侧的制冷剂压力是否正常。

2. 高压卸压阀

如果制冷剂的压力升得太高，它将会损坏压缩机。因此，在典型的空调系统中，有一个装在压缩机或高压管路上由弹簧控制的卸压阀，其结构如图 9.40 所示。按不同系统和厂家，此阀的压力调整值有所不同，一般在 2.413～2.792MPa 范围内变化。当压力超出调整值时，卸压阀将开始使制冷剂放空溢出，直到压力降低到调定值为止，此时在弹簧作用下，阀又自动关闭，以保证制冷系统正常工作。

图 9.40　高压卸压阀

3. 过热限制器

当制冷系统的制冷剂泄漏量较多时，压力下降，若压缩机继续工作，会引起过热现象。此时制冷剂的温度上升，但压力不增加，润滑油变质，进而损坏压缩机。

过热限制器（图 9.41）安装在压缩机后盖紧靠吸气腔的位置，串联在压缩机电磁离合器电路中。其作用是检测压缩机温度，当压缩机温度过高时，切断电磁离合器的电路，使压缩机停止运行，防止损坏压缩机。

图 9.41　过热限制器

4. 冷却液过热开关和冷凝器过热开关（图 9.42）

冷却液过热开关也称水温开关，其作用是防止在发动机过热的情况下使用空调。水温开关一般使用双金属片结构，安装在发动机散热器或者冷却液管路上，感受发动机冷却液温度，当发动机冷却液温度超过某一规定值（如奥迪 100 为 120℃）时，触点断开，直接切断（或者触点闭合通过空调放大器切断）电磁离合器电路使压缩机停止工作；而当发动机冷却液下降至某一规定值（如奥迪 100 为 106℃）时，触点动作，自动恢复压缩机的正常工作。

图 9.42　冷却液过热开关和冷凝器过热开关

　　冷凝器过热开关安装在冷凝器上，感受其过热度，当其温度过高时，接通冷凝器风扇电机，强迫冷却过热的制冷剂，使系统能正常工作。桑塔纳轿车的冷凝器过热开关有两个，当冷凝器温度为 95℃时，启动风扇低速运转；当温度为 105℃时，风扇高速运转，以增强冷却效果。

　　5. 温度开关

　　温度开关（图 9.43）分为环境温度开关和恒温开关两种，恒温开关又称除霜开关，分电子式和机械式。温度开关是串联在压缩机电磁离合器电路或空调放大器电路中的一个保护开关。通常当环境温度高于 4℃时，其触点闭合；而当环境温度低于 4℃时，其触点将断开而切断电磁离合器的电路或者空调放大器电源。即当环境温度低于 4℃时是限制开启空调制冷系统，其原因是当环境温度低于 4℃时，由于温度较低，压缩机内冷冻油黏度较大，流动性很差，如这时启动压缩机，润滑油还没来得及循环流动并起润滑作用时，压缩机就会因润滑不良而磨损加剧甚至损坏。

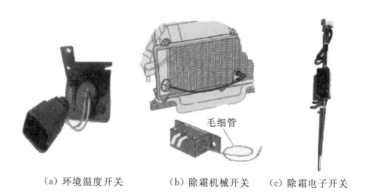

（a）环境温度开关　　　（b）除霜机械开关　　（c）除霜电子开关

图 9.43　温度开关

　　6. 怠速控制装置

　　为了保证在怠速工况下能正常使用空调制冷系统，现代汽车都采用在怠速时加大节气门开度的方法来提高发动机的转速，使发动机在怠速时带动制冷压缩机仍能维持正常运转。

　　电控燃油喷射系统怠速控制装置结构如图 9.44 所示。这是目前普遍采用的由步进电机带动的怠速控制结构。由图可以看出，电控燃油喷射系统的怠速控制电路中，空调工作

图 9.44　怠速控制系统（步进电机式）

信号是发动机 ECU（电子控制单元）的重要传感器信号之一，当空调制冷系统启动，ECU 接收该信号后，驱动由步进电机带动的怠速控制阀门，将旁通气道开度加大，增加怠速时的进气量，使发动机转速增加，制冷压缩机正常工作。这种怠速提高装置可以根据发动机负荷变化的状况，精确地控制发动机根据空调压缩机等其他负载稳定的工作。

在中、高档轿车上还采用了节气门直动式怠速控制方式，其控制原理与前述基本相同。

9.3.2　汽车空调系统电路

汽车空调系统电路是为了保证汽车空调系统各装置之间的相互协调工作，正确完成汽车空调系统的各种控制功能和各项操作，保护系统部件安全工作而设置的，是汽车空调系统的重要组成部分。汽车空调系统电路随着电子技术的应用，由普通机电控制、电子电路控制，逐步发展到微机智能控制，其功能、控制精度和保护措施得到了不断改进和完善。

1. 汽车空调系统电路

（1）汽车空调基本电路。汽车空调系统的基本电路如图 9.45 所示。

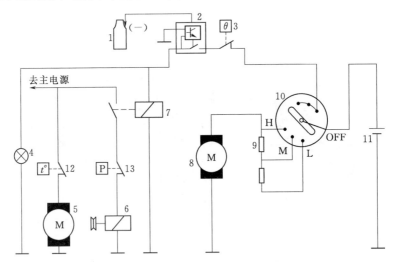

图 9.45　汽车空调基本电路

1—点火线圈；2—发动机转速检测电路；3—温控器；4—空调工作指示灯；5—冷凝器风扇电机；6—电磁离合器；7—空调继电器；8—蒸发器风扇电机；9—调速电阻；10—空调及风机开关；11—蓄电池；12—温度开关；13—压力开关

其工作过程是：接通空调及风机开关，电流从蓄电池流经空调及鼓风机开关后分为两路，一路通过调速电阻到蒸发器风扇电机。由两个调速电阻组成的调速电路使风机运转有三个速度，当开关旋转至 H（高速）时，电流不经电阻直接到电动机，因此这时电动机转速最高。当开关在 M（中）时，电流只经一个调速电阻到鼓风电动机，因此电动机转速降低。在低位 L 时，两个电阻串入风机电路，故这时电动机的转速最低。由于汽车空调制冷系统工作时，要及时给蒸发器送风，防止其表面结冰，所以，空调系统电路的设计，必须保证只有在风机工作的前提下，制冷系统才可以启动，上述空调开关的结构和电路原理，也是各种空调电路所遵循的基本原则。另一路经温控器、发动机转速检测电路，与空调继电器和工作指示灯构成回路。

温控器的触点在高于蒸发器设定温度时是闭合的，如果由于空调的工作使蒸发器表面温度低于设定温度时，温控器触点断开，空调继电器断电，电磁离合器断电，压缩机停止工作，指示灯熄灭，这时蒸发器风扇电机仍可以继续工作。压缩机停止工作后，蒸发器温度上升，当高于设定温度时，温控器的触点又闭合，使压缩机再工作，使蒸发器温度控制在设定的温度范围内，保证了系统的正常工作。

为了保证空调系统更好的正作，空调系统电路还设置了发动机转速检测电路，其作用是只有当发动机转速高于 800～900r/min 时，才能接通空调电路。在怠速和转速低于此转速时，自动切断空调继电器回路，使空调无法启动，保证了发动机的正常怠速工况，发动机转速检测电路的转速信号取自点火线圈。

为了加强冷凝器的冷却效果，汽车空调系统都设置了专用的冷凝器冷却风扇，由电动机驱动。它的工作受冷凝器温度开关控制，当冷凝器表面温度高于设定值时，自动接通风扇电机高速运转，使其强迫冷却。注意：该电机的工作不受空调开关控制，所以在汽车空调停止运行时，它也可能启动运转，这在检修和测试系统时要格外小心。

电路中还设置了压力保护开关，其作用是防止系统超压工作，通常使用的是高低压组合开关，当系统压力异常时，自动切断压缩机电磁离合器，防止系统部件的损坏。

（2）温度控制空调电路。具有温度调节控制的汽车空调电路如图 9.46 所示该电路的冷凝器风扇电机和蒸发器风扇电机控制电路，当它在取暖位置时，空调放大器不工作，系统只能工作在取暖或者自然通风工况。在制冷位置时，空调放大器工作，压缩机才能正常启动。

该电路的空调放大器，设计有环境温度检测热敏电阻，并与温度调整电位器串联，作为对温度的控制机构。当由温度调整电位器设定好所需参数（温度值）后，与串联的热敏电阻的检测值进行比较，当环境温度高于设定值时，空调放大器接通电磁离合器，使系统工作；反之，停止工作。

2. 桑塔纳（SANTANA）轿车电路分析

图 9.47 所示为上海桑塔纳轿车空调电路，它由电源电路、电磁离合器控制电路、鼓风机控制电路和冷凝器风扇电机控制电路组成，是一种典型的机械手电气控制的空调系统电路。

电路工作原理如下：

（1）点火开关处于断开（OFF）位置时，空调主继电器的线圈电路切断，触点断开，空调系统不工作。

（2）点火开关处于接通（ON）位置时，空调主继电器的线圈电路接通，触点闭合，

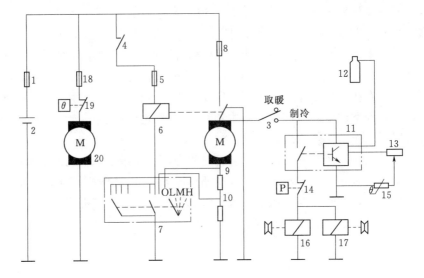

图 9.46　温度调节控制空调电路

1—总保险；2—蓄电池；3—空调选择开关；4—点火开关；5、8、18—熔断丝；6—空调继电器；
7—风机调速开关；9—蒸发器风扇电机；10—调速电阻；11—空调放大器；12—点火线圈；
13—温度设定电阻；14—压力开关；15—热敏电阻；16—电磁离合器；
17—急速提高电磁阀；19—温度开关；20—冷凝器风扇电机

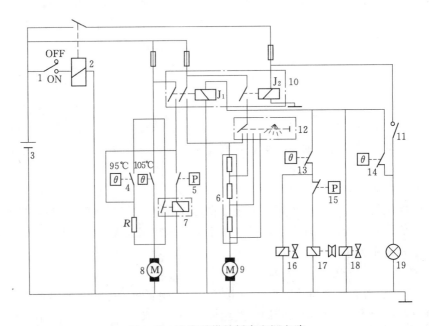

图 9.47　上海桑塔纳轿车空调电路

1—点火开关；2—空调主继电器；3—蓄电池；4—冷凝器温控开关；5—高压保护开关；6—调速电阻；
7—冷凝器风扇继电器；8—冷凝器风扇电机；9—蒸发器风扇电机；10—空调继电器组；11—空调
开关；12—风机开关；13—蒸发器温控开关；14—环境温度开关；15—低压保护开关；16—急
速提升真空转换阀；17—电磁离合器；18—新鲜/循环空气电磁阀；19—空调指示灯

空调继电器组中的线圈 J_2 通电，接通鼓风机电路，此时可由鼓风机开关进行调速，使鼓风机按要求的转速运转，进行强制通风、换气或送出暖风。

（3）当外界气温高于 10℃ 时，允许使用空调制冷系统。当需要其工作时，按下空调开关，空调指示灯亮，表示空调系统电路已经接通。此时电源经空调开关、环境温度开关可接通下列电路：

1）新鲜/循环空气电磁阀接通，该阀真空驱动器作用，使新鲜空气进口关闭，制冷系统进入空气内循环工况。

2）经蒸发器温控开关、低压保护开关对压缩机电磁离合器线圈供电，常闭型低压保护开关串联在蒸发器温控开关和电磁离合器之间，当缺少制冷剂使制冷系统压力过低时，开关断开，压缩机停止工作。同时电源还经蒸发器温控开关接通化油器的怠速提升真空转换阀，提高发动机的转速，保证发动机稳定工作，满足空调动力源的需要。

3）对空调继电器组中的线圈 J_1 供电，使两对触点同时闭合，其中一对触点接通蒸发器风机电路，它保证只要空调制冷开关一旦按下，无论风机开关在什么位置，蒸发器风扇电机都至少运行在低速工况，以防止蒸发器表面结冰，影响系统的正常工作。

另一对触点接通冷凝器冷却风扇控制电路，它与高压保护开关、冷凝器温度开关共同组成系统温度-压力保护电路，其工作过程是：高压保护开关串联在冷凝器风扇继电器和空调继电器 J_1 的一对触点之间，当制冷系统高压值正常时，触点断开，将电阻 R 串接入冷凝器风扇电机电路中，使风扇电机低速运转。当制冷系统高压超过规定值时，高压保护开关触点闭合，接通冷却风扇继电器线圈电路，冷却风扇继电器的触点闭合，将电阻 R 短路，使风扇电机高速运转，以增强冷凝器的冷却能力。同时，冷却风扇电机还直接受发动机冷却液温控开关的控制，当不开空调开关，若发动机冷却液温度低于 95℃ 时，风扇电机不转动，高于 95℃ 时，冷却风扇电机低速转动。当冷却液温度达到 105℃ 时，则风扇电机将高速转动。

这类机械-电气控制的空调系统电路，虽然没有电子温度控制器，但因其结构简单，电路器件可靠，所以仍然得到了广泛的应用。

9.3.3　汽车自动空调系统

汽车空调自动控制系统由于采用了先进的控制理论和计算机技术，在控制方式、控制精度和舒适性及工作可靠性方面，与传统手动控制空调系统已经有了本质的区别，只要驾驶员设定好所需工作温度，系统即自动检测车内温度和车外温度、太阳辐射和发动机工况，自动调节鼓风机转速和所送出的空气温度，从而将车内温度保持在设定范围内，并适度调节空气质量。典型的汽车空调自动控制系统的基本组成和工作原理如图 9.48 所示。

汽车空调自动控制系统的基本工作模式是：传感器（设定参数）→控制器→执行器。其中传感器包括一系列检测车内、车外，导风管空气温度变化和太阳辐射的传感器，以及发动机工况的传感器，并将它们变成相应的电量（电阻、电压、电流），送入控制器；早期的控制器是由电子元件，如分立晶体管、运算放大器组成，现代控制器由单片微处理器或组成系统的车身计算机构成，它根据各传感器所检测的温度参数，发动机运行工况参数

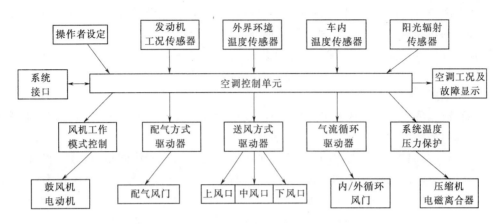

图 9.48　汽车空调自动控制系统基本组成和工作原理

和空调系统工况参数，经内部电路分析、比较后，单独或集中对执行器的动作进行控制。这种控制过程，可以计算出设定参数与实际状况的工作差别，精确地控制执行器按照程序完成空调的既定工作。而执行器则采用大量的自动元件，如：调速电动机控制的风机，步进电动机控制的风门等，高效、可靠的完成调节空气质量的任务。同时，自动空调还具备完善的自我检测诊断功能，并与汽车其他计算机系统交换数据，协调车辆平稳、安全、舒适的运行。汽车空调自动控制系统基本结构如图 9.49 所示。目前，汽车空调自动控制有放大器控制型自动空调系统和微电脑控制自动空调系统两种，但是随着微电子技术的应用，放大器控制型自动空调系统已很少采用。

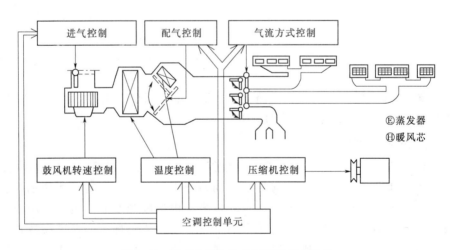

图 9.49　汽车空调自动控制系统基本结构

随着计算机控制理论的发展和技术的进步，微电脑控制系统空调不仅用在高级汽车空调上，也越来越多的应用在普通轿车空调系统中。在微电脑控制的自动空调器中，每个传感器独立地将信号传送至自动空调器放大器（称为空调器 ECU，或者在某些车型中称为空调器控制 ECU），控制系统根据在自动空调器放大器的微电脑中预置程序，识别这些信号，从而独立地控制各个相应的执行器，如图 9.50 所示。

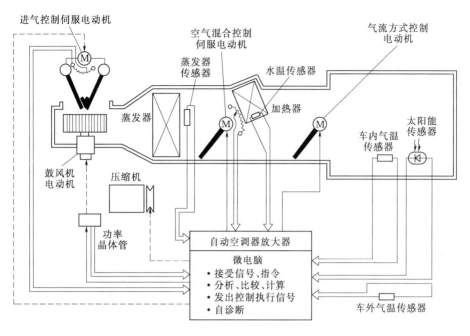

图 9.50　微电脑控制型自动空调系统

【实操任务单】

压缩机不工作的检查作业工单		
班级：_____　组别：_____　姓名：_____　指导教师：_____		
整车型号		
车辆识别代码		
发动机型号		
任务	作业记录内容	备注
一、前期准备	正确组装三件套（方向盘套、座椅套、换挡手柄套）、翼子板布和前格栅布。□ 工位卫生清理干净。□	环车检查 车身状况
二、检查步骤	1. 将车辆移入检修工位前，清理工位卫生、排除障碍，准备好相关工具物品。 2. 将车辆停驻举升机工位。 3. 拉紧驻车制动器，并将变速器置于____或____挡位上，打开发动机舱盖。 4. 把护裙粘贴在汽车翼子板上，要求护裙把翼子板全覆盖。	

二、检查步骤	5. 安装方向盘套、换挡杆手柄套、座套、铺设地板垫。其主要作用是_____。 6. 拔下压缩机电磁离合器插头，打开空调开关测电压值为____ V，如果无电，则检查供电控制线路；如果有电，则再测电磁离合器线圈是否断路；如果短路，则应更换电磁离合器。 7. 检查压缩机保险丝有无断路。□ 8. 检查压缩机继电器线圈是否断路。□ 9. 检测空调系统压力为____ kPa，检查高低压保护开关是否断开。 10. 蒸发器恒温开关位于上。在蒸发器表面温度低于____时断开，压缩机停止工作，防止蒸发器表面结霜。 11. 外界开关位于下的风旁。当该开关在外界温度低于____时断开，当温度高于____时闭合，防止压缩机____。 12. 发动机的控制单元收到空调开关的请求信号后，如果检测到发动机处于____或发动机处于____运转模式时，发动机控制单元自动切断压缩机控制电路。 13. 作业完毕，打开空调开关，测试工作性能。	
三、竣工检查	汽车整体检查（复检）。□ 整个过程按 6S 管理要求实施。□	

思　考　题

1. 如何检测压力开关？
2. 导致压缩机电磁离合器不工作的原因有哪些？如何检测？

任务 9.4　空调系统暖风不热的检修

【学习目标】

知识目标：

(1) 掌握汽车空调暖风系统的组成。

(2) 掌握汽车空调暖风系统的作用和工作原理。

能力目标：

(1) 掌握空调暖风系统在车上的安装位置与拆装。

(2) 掌握空调暖风系统通风、暖风与配气系统的维护与常规检查。

【相关知识】

现代汽车空调均配置暖风系统，其作用是：在寒冷的季节为车内提供暖气；在车内外因温差较大结霜或雾时，去除车窗玻璃上的霜或雾；与由蒸发器来的冷气混合，调整车内的温度和湿度，满足乘员的舒适要求。

按所使用的热源形式的不同，汽车采暖系统大致分为水暖式、独立热源式、综合预热式和发动机排气加热式暖气装置。水暖式利用发动机的冷却液热量采暖，多用于轿车；独立热源式，装有专门的燃烧供热暖风装置，多用于客车和货车；综合预热式，既利用发动机的冷却热量，又装有燃烧预热的综合加热暖风装置，多用于大客车。

9.4.1　水暖式暖风系统的工件原理

水暖式采暖系统通常使用发动机工作时冷却液的余热（80～95℃）为车内提供暖气，所以水暖式暖风系统实现为车内供暖是通过两部分装置来完成的：一部分是热水循环回路；另一部分是通风装置。

1. 热水循环回路

热水循环回路实际上是发动机冷却系统的一部分，它与发动机的冷却系统相连通，借助于发动机的水泵实现热水循环。来自发动机冷却系统的热水从进水管流经加热器控制阀进入加热器，然后经由出水管回到发动机的冷却系统，实现回路的循环，如图 9.51 所示。

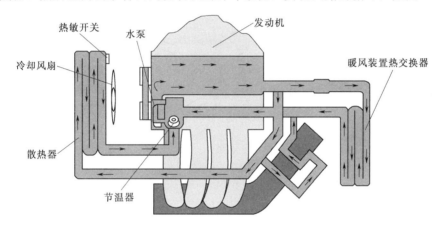

图 9.51　发动机冷却系统热水循环示意图

2. 水暖式暖风系统的暖风系统

图 9.52 所示为水暖式采暖装置的采暖原理。发动机水套内的冷却液经热水管道和热水阀进入采暖热交换器时，其温度较高，当空气吹过热交换器时，空气被加热变为暖气送入车内。在冷却液通往热交换器的管路上有一热水阀，它可以关闭或控制水量的大小，用来调节供热量。

9.4.2　水暖式暖风系统的组成

水暖式采暖系统主要由加热器芯、热水阀、鼓风机等组成，在车上的安装位置如图 9.53 所示。

1. 加热器芯

如图 9.54 所示，加热器芯由水管和散热器片组成，发动机的冷却水进入加热器芯的水管，通过散热器片散热后，再返回发动机的冷却系统。

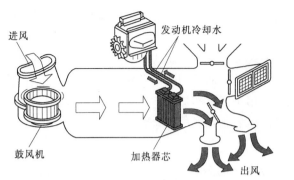

图 9.52 水暖式采暖装置的采暖原理

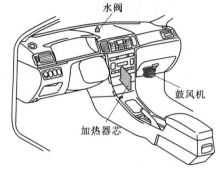

图 9.53 水暖式采暖装置主要部件安装位置

2. 热水阀

如图 9.55 所示，热水阀安装在发动机冷却液通道中，用于控制进入加热器芯的发动机冷却液流量，通过移动控制板上的温度调节杆便可操纵热水阀。

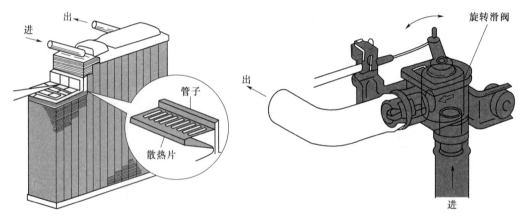

图 9.54 加热器芯

图 9.55 热水阀

3. 通风装置

汽车空调已由单一的制冷和采暖方式发展到冷暖一体化形式，它不仅能够通过通风装置将新鲜空气引入车内，而且能将冷气、暖风、新鲜空气有机地进行配合调节，形成冷暖适宜的气流吹出，如图 9.56 所示。

9.4.3 水暖式暖风系统的温度调节

就暖风系统而言，其温度调节方式有两种：一种是空气混合型；另一种是水流调节型。水暖式暖风系统的温度调节采用冷暖风混合的方式，所有空气先通过蒸发器，用一个调节风门控制通过加热器芯的空气量，通过加热器芯的空气和未通过加热器的空气混合后形成不同温度的空气从出风口吹出，实现温度调节。冷气和暖风共用一个鼓风机。图 9.57 和图 9.58 分别是调节风门处于不同位置时空气的流经路线。

9.4.4 车辆暖风不热的原因

（1）节温器常开或节温器开启过早，使冷却系统过早地进行大循环，而外部气温很低，特别是车跑起来时，冷风很快把防冻液冷却，发动机水温上不来，暖风也不会热。

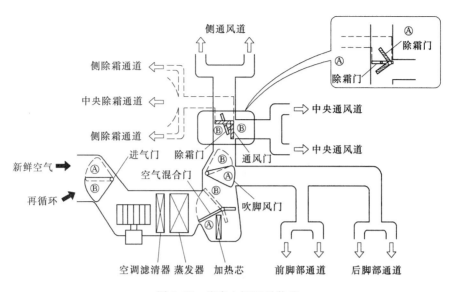

图 9.56　汽车空调通风装置

（2）水泵叶轮破损或丢转，使流经暖风小水箱的流量不够，热量上不来。

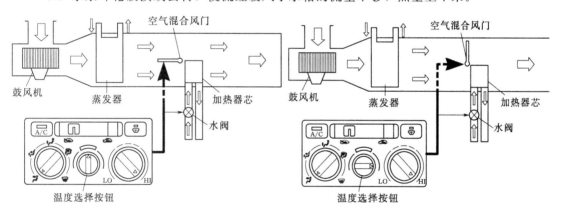

图 9.57　调节风门在中间位置　　　　　　图 9.58　调节风门在关闭位置

（3）发动机冷却系统有气阻，气阻导致冷却系统循环不良，暖风不热。

（4）暖风小水箱堵塞，导致冷却循环不畅。

（5）滤清器脏污堵塞，导致进气不畅。

（6）暖风箱冷热风的控制翻板拉线脱落或翻板脱落等。

9.4.5　车辆暖风不热故障的维修方法

在维修前，要先判定是哪一方面原因引起的，再进行相应的维修。判别的方法很简单，看一下暖风小水箱的两个进水管温度，如果两根管都够热，说明是风量控制机构的问题，反之，如果两根水管都凉，或者是一根热一根凉，说明是冷却系统问题。

1. 发动机冷却系统的故障

通过检查发动机上下水管温度情况，可以判定节温器工作的好坏。在发动机温度不是很高的情况下，通过打开水箱盖，观察水箱内返水情况，来粗略判断水泵工作情况。通过触摸暖风水管发现进水管很热，而出水管较凉，这种情况应是暖风小水箱有堵塞。应更换暖风小水箱。通过拆卸暖风出水管，进行排气，可以解决暖风气阻故障。

2. 暖风的控制机构故障

通过取下空调滤清器，观察出风量变化，来判定滤清器是否堵塞，进行清理，必要时要及时更换。再检查鼓风机的各挡位运转情况，每个挡位都要达到足够的转速。如果旋钮调整到暖风位置，风量够大，风向也正常，吹出来的是凉风，应检查暖风箱冷热风的控制翻板拉线是否脱落，暖风叶轮是否损坏，翻板是否脱落等。

【实操任务单】

检查鼓风机不工作的作业工单		
班级：_____组别：_____姓名：_____指导教师：_____		
整车型号		
车辆识别代码		
发动机型号		
任务	作业记录内容	备注
一、前期准备	正确组装三件套（方向盘套、座椅套、换挡手柄套）、翼子板布和前格栅布。□ 工位卫生清理干净。□	环车检查车身状况
二、检查步骤	用测试灯检查： 1._____ 2._____ 3._____ 4._____	
三、更换鼓风机步骤	1._____ 2._____ 3._____ 4._____ 5._____ 6._____	
四、竣工检查	汽车整体检查（复检）。□ 整个过程按 6S 管理要求实施。□	

思　考　题

1. 如何检测压力开关？
2. 导致压缩机电磁离合器不工作的原因有哪些？如何检测？

参 考 文 献

［1］ 张明，杨定峰. 汽车电气系统检修［M］. 北京：人民邮电出版社，2016.

［2］ 张世军. 汽车电气设备结构与拆装［M］. 北京：北京理工大学出版社，2015.

［3］ 钱强. 汽车电气与电子技术［M］. 上海：同济大学出版社，2011.

［4］ 范爱民. 汽车空调结构原理与维修［M］. 北京：机械工业出版社，2009.